你一定要告诉女儿的那些事

李海泉 王晓辉 郭春光／编著

中国纺织出版社有限公司

内 容 提 要

对于男孩和女孩的性格，很多父母都存在误解，总觉得男孩是粗线条的，女孩是细线条的；男孩可以打骂，而女孩只能呵护。其实，每个孩子的性格并不都由性别决定，而主要是由孩子本身的脾气秉性决定的。父母要想更好地教养女孩，就一定要告诉女孩很多事情。

本书从女孩身心发展的规律入手，告诉父母应如何去了解女孩的脾气秉性，并且最大限度激发女孩的天性和内心的力量，让女孩顺应天性地成长；也提醒父母在养育女孩的过程中应该注意的问题，从而让女孩更加健康快乐地成长。

图书在版编目（CIP）数据

你一定要告诉女儿的那些事 / 李海泉，王晓辉，郭春光编著．--北京：中国纺织出版社有限公司，2019.11（2020.3重印）
ISBN 978-7-5180-6196-9

Ⅰ.①你… Ⅱ.①李… ②王… ③郭… Ⅲ.①女性—安全教育—青少年读物②女性—习惯性—能力培养—青少年读物 Ⅳ.①X956-49②B842.6-49

中国版本图书馆CIP数据核字（2019）第089641号

责任编辑：王 慧　　特约编辑：王佳新　　责任印制：储志伟

中国纺织出版社有限公司出版发行
地址：北京市朝阳区百子湾东里A407号楼　邮政编码：100124
销售电话：010-67004422　　传真：010-87155801
http://www.c-textilep.com
中国纺织出版社天猫旗舰店
官方微博http://weibo.com/2119887771
三河市宏盛印务有限公司印刷　各地新华书店经销
2019年11月第1版　2020年3月第2次印刷
开本：710×1000　1/16　印张：15
字数：178千字　定价：39.80元

凡购本书，如有缺页、倒页、脱页，由本社图书营销中心调换

前言

　　每一个拥有女儿的父母，都想成为女儿一生一世的守护者，永远陪伴在女儿的身边。在女儿穿上婚纱的那一刻，爸爸一定会想起女儿成长过程中的种种情形，而妈妈也许会突然想起女儿出生的那一刻，想起她与自己亲昵的片刻。不管出生的时候是什么情景，此时此刻，这个被爸爸妈妈呵护着长大的女孩，已经成为亭亭玉立的成熟女性。孩子总要长大，父母即使再不舍，也需要接受孩子的成长。正如台湾作家龙应台所说，所谓父母子女一场，只不过意味着，你和他的缘分就是今生今世不断地目送他的背影渐行渐远。

　　养育一个完美的女孩，是很多父母的心愿。女孩就像一株蓬勃生长的小树，在不知不觉间绽放生命的新绿。也有可能在某一刻，就绽放出绚烂的花朵。在女孩成长的过程中，父母总是提着心吊着胆，陪伴孩子一起成长，见证着孩子渐渐地从稚嫩走向成熟，尤其是在女孩经历青春期的时候，父母更是担心孩子有朝一日会早恋。不得不说，当父母的总是牵肠挂肚，这是生命的本能，也是无法避免的牵挂。

　　每个女孩都是世界上最美丽的花朵，她们各自有各自的美丽，那么俏丽娇艳，那么与众不同。作为父母，我们一定要更加理性地面对女孩的成长，在宠爱女孩之余，也要把很多事情都告诉女孩，从而未雨绸

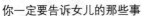

缪，让女孩拥有更强大的生命的力量。

父母既要爱女孩，也要与女孩保持适度的距离，不过度介入女孩的成长。此外，女孩的心敏感细腻，与男孩截然不同，父母也要以合适的方式对待女孩，才能在女孩的成长过程中给予女孩更好的陪伴，帮助女孩健康快乐、收获多多。

作为爸爸妈妈，我们对女孩的关心与照顾应该是全方位的，也要记住，不是有爱就能当好优秀的父母。唯有了解女孩的身心发展规律，并知道女孩想要得到怎样的帮助、想要得到更多的尊重和自由，爸爸妈妈才能做得更好。

把女孩养育成带刺的玫瑰，让她既娇艳欲滴，又铿锵有力，最重要的是能表现出自己的样子，这才是最好的！

编著者
2019年6月

目录

第01章　这就是女孩：女孩和男孩不一样　‖ 001

　　这就是与男孩截然不同的女孩　‖ 002

　　女孩大脑和男孩大脑不同　‖ 004

　　女孩拥有X染色体　‖ 007

　　不要以思维局限女孩的成长　‖ 008

　　养育女孩，父母要避开认知误区　‖ 010

　　要多多关注与挚爱女孩　‖ 012

　　多愁善感的女孩容易受伤　‖ 014

　　战胜自我，绝不怯懦　‖ 016

　　避免女孩总是依赖父母　‖ 017

第02章　在长大别害怕：了解正在悄悄变化的自己　‖ 021

　　胸部为何越来越大了　‖ 022

　　乳房里的肿块是怎么回事　‖ 024

　　为何两个乳房不一样大呢　‖ 026

　　如何挑选文胸　‖ 027

　　为何私密处会长出毛毛呢　‖ 030

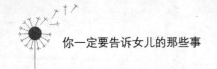

我的头发怎么白了 ‖032

小屁屁怎么流血了 ‖035

我的体重为何这么重 ‖038

我的身高怎么没有变化了 ‖040

第03章　有修养懂礼貌：女孩好举止，彰显好教养 ‖043

以美好的形象示人就是尊重 ‖044

礼貌称呼他人很重要 ‖046

保持正确的姿态才能给人留下好印象 ‖049

有气质的女孩让人过目难忘 ‖051

要善待和珍爱自己 ‖054

要尊重长辈 ‖056

及时向别人表示感谢 ‖058

要勇敢地承认错误 ‖061

第04章　懂自律习惯好：做对事，让你成为自己想成为的人 ‖065

爱美的女孩一定要爱干净 ‖066

保持健康饮食，摄入均衡营养 ‖068

保证充足的睡眠时间 ‖071

勤于动手，把分内之事做好 ‖074

远离电子产品，与书香为伴 ‖077

女孩要学会消费 ‖079

目录

第05章　开眼界立目标：女孩要走出小天地，使用追梦的权利　‖083

女孩要放眼世界　‖084

要想成功，一定要有目标　‖085

以名人作为榜样　‖088

要激发和保持创造力　‖090

成为谦虚而又自强的女孩　‖093

第06章　披朝气灭悲观：女孩有自信就拥有快乐和勇敢　‖095

女孩女孩，你别哭　‖096

自信的女孩最美丽　‖098

黑夜给了我黑色的眼睛，我却用它来寻找光明　‖100

女孩要有巾帼不让须眉的气概　‖104

战胜困难，成为人生强者　‖106

第07章　情商高人缘好：好人缘女孩与自私任性说再见　‖109

女孩，你要远离社交恐惧症　‖110

女孩之间的友谊　‖112

唯有努力付出，才会有所收获　‖115

好女孩从不任性妄为　‖118

不要假装幼稚或者成熟　‖121

当女孩也不要小心眼　‖124

勇敢地接受批评　‖126

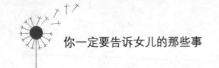

第08章　勤学习有追求：独立的女孩才有追求幸福的能力 ‖ 129

女孩要掌握知识和技能，才能独立　‖ 130

不要被考试驱使　‖ 132

天才也必须非常努力，才能成就自己　‖ 135

为了自己而努力学习　‖ 137

正确对待女孩抄作业的现象　‖ 139

任何时候，都不要以笨蛋自居　‖ 142

假如你不能考上好学校　‖ 144

第09章　有爱心懂感恩：善良的女孩自有"福报" ‖ 147

努力做好自己的事情　‖ 148

学会承担起自己的责任　‖ 150

要一诺千金，信守诺言　‖ 153

不要拿别人的东西　‖ 155

不要随随便便伤害弱小者　‖ 158

在不妨碍他人的情况下照顾好自己　‖ 160

第10章　健康长大不烦恼：做不完美的快乐女孩 ‖ 163

女孩要远离忧郁的困扰　‖ 164

远离嫉妒，让心自在　‖ 166

女孩要战胜自卑　‖ 169

要相信自己是最棒的　‖ 171

我真的不想上学 ‖173

第11章 情窦初开的青春：保护好自己，与异性保持合适距离 ‖177

不要过于亲近异性，也不要刻意疏远异性 ‖178

当女孩开始喜欢一个人 ‖180

怎样面对一见钟情的爱情呢 ‖183

女孩不要盲目追星 ‖186

不要陷入网络的恋情之中 ‖188

女孩为何会喜欢男老师呢 ‖191

如何向青春期女孩讲述性知识 ‖193

女孩如何面对性骚扰 ‖196

第12章 别害怕谈论"性"：每个人成长中都会遇到这个问题 ‖201

接吻就会生孩子吗 ‖202

处女是什么意思 ‖205

女孩为何会有性幻想呢 ‖207

什么是避孕套 ‖209

人流——你不可不知的痛 ‖212

第13章 爸爸妈妈对你说：女孩，保护好自己才是对生命最大的珍惜 ‖215

生命教育不可缺失 ‖216

当被孤独感包围，女孩应该怎么办 ‖218

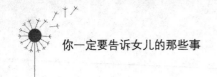

怎样才能避免失眠呢 ‖221

好女孩要远离烟酒 ‖224

不要过分看重金钱 ‖226

参考文献 ‖229

第01章
这就是女孩：女孩和男孩不一样

有人说，女人来自金星，男人来自火星。其实，女人和男人的不同，在孩童时期就表现出来了。小女孩儿相对文静，喜欢合作，也很善于人际交往，在饮食方面倾向于甜蜜的食物；而男孩则更加活泼顽皮，总是喜欢冒险，也会给自己惹很多的麻烦。男孩跟女孩的不同到底是如何而来的呢？其实，男孩与女孩在生理方面就存在着本质性的不同。女孩的染色体是X，男孩的染色体是Y，这就是本质区别的所在。对于女孩来说，在拥有X染色体的那一刻，就注定了她作为女性与男性截然不同的生命蓝图。

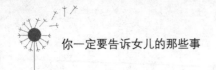

这就是与男孩截然不同的女孩

在一首流传已久的童谣里,人们说女孩是用蜜糖、香料等美好的东西制作而成的,而男孩子是用剪刀、青蛙和小狗的尾巴等东西做成的。仅从这个描述,就可以看出女孩是美好的代名词。女孩拥有那么多美好的东西,为此总是呈现出乖巧文静、合作友好的样子;相比之下,男孩得到的是那些很让人感到麻烦和头疼的东西,为此他们呈现出来的状态也是让父母感到很抓狂和无语的。面对这么美好的女孩,父母如何才能引导女孩更加健康快乐地成长,收获真正幸福完美的人生呢?

在对待男孩的时候,父母的态度往往相对粗暴,因为他们觉得男孩是坚强的,而且具有很强的承受能力。在对待女孩的时候,父母总要小心一点,希望给女儿最美好的事物,也希望把女孩变成高贵优雅的公主,让女孩成为娇艳欲滴的带刺的玫瑰。怎样培养女孩呢?这是让很多父母常常感到苦恼和困惑的问题。父母既希望女孩变得与众不同,又希望女孩在各个方面出类拔萃。这是父母一心一意想要达到的目标。其实,女孩之所以呈现出女性的显著特点,是因为她们的身体里有大量的女性荷尔蒙。在女性荷尔蒙的作用下,女孩形成了女性独特的性格特点,如安静、柔和、温顺。和男孩相比,女孩是更善于经营人际关系的,所以女孩代表着合作,而男孩则怀揣着英雄的梦想,总是想变成骑

第01章 这就是女孩：女孩和男孩不一样

士，从而能够在生命的历程中展现出与众不同的风采。

从这个角度来看，男孩与女孩在本质上就很不同，而不是因为父母对他们的教育方式不一样，所以他们才呈现出不同。当然，除了雌激素会对女孩的成长和发育起到决定性作用之外，其他激素也会让女孩表现出女性独有的特点，如孕激素、催产素。女孩体内还会有少量的睾丸素，这决定了女孩将会表现出母性的柔美和悲天悯人的情怀，而不会表现出强烈的攻击性。

女性作为情绪化的代表，感情非常细腻，很容易在人际关系中打动他人的心。女孩与男孩在成长方面的确有明显不同的特征，女孩喜欢的游戏男孩不喜欢，例如，女孩喜欢跳房子，玩积木，更喜欢相互合作而很少具有排他性。和女孩相比，男孩则喜欢刀刀枪枪，喜欢汽车、轨道车，喜欢各种工具和器械，他们在一起玩打怪兽的游戏，而他们彼此之间与其说是合作者，还不如说是竞争者，因为他们都很勇猛好斗，都希望自己能够在比赛中胜出。

与同龄的男孩相比，女孩更擅长语文，因为这一时期女孩的语言能力发展得比男孩更好，语言表达更加顺畅。直到初中前后，女孩在语言上的优势才会渐渐减小，男孩也会以后起之势追赶上女孩。比起女孩来，男孩的空间感更好，他们有强烈的方位感，可以准确判断自己所处的位置，也可以相对顺利地到达想去的位置。

细心的爸爸妈妈会发现，女孩很容易与他人之间建立友好的关系，这是因为她们很注重合作，也喜欢向他人敞开心扉倾诉自己的内心。在女孩的心目中，人际关系是非常重要的，为此她们会花费很多的时间和精力去建立和维护人际关系。也因为女孩心思细腻，感情非常敏感，所以她们更能够体谅他人的感情，并表现出更加强大的社会性。

当然，女孩并非她们所表现出来的那样单纯、毫无目的。实际上，三岁的女孩就有很神秘的心思。和同龄的男孩相比，她们显得更加成熟，思维能力也更强。因为生理条件的限制，女孩的力量远远不如同年龄的男孩，所以女孩只能采取斗智的方式获得胜利。当然，对女孩而言，温顺并不是一件纯粹的好事情，尤其是现代社会竞争很激烈，女孩在组织家庭之后同样要在社会环境中通过竞争赢得一席之地，所以女孩既要有个性，也要有强势的表现，更要学会适当地妥协，和适时地进步。只有让各个方面的能力相互融合，女孩才能更加强大。

爸妈有话说：

孩子，你是最美好的味道，你一定要保持自己的纯真善良，也要与他人友好相处。当然，这并不是要你失去自己的个性，你可以保留个性，也应该适度地磨圆自己在其他方面的棱角，从而让自己既能够融入社会，也能够特立独行，这才是最好的状态。

女孩大脑和男孩大脑不同

心理学家提出，女孩与男孩的不同并不主要取决于天生的差异，女孩之所以表现得和男孩截然不一样，是因为受到后天成长环境的影响。后天成长环境，包括很多复杂的因素，既包括家庭环境、父母的引导，也包括社会文化。毋庸置疑，这些因素的确会影响女孩的成长，但是从生理学的角度来说，女孩的头脑构造和男孩原本就是截然不同的，所以女孩才会表现出和男孩本质的不同。

第01章 这就是女孩：女孩和男孩不一样

在生命诞生之初，女孩儿就有一个完整的大脑，女孩的大脑由左右两个半球构成，而且有数百万细胞经过神经递质进行联系和作用。这直接决定了女孩在年幼的时候语言能力比男孩更强。相比起女孩，男孩的大脑则从右半球开始发育。等在右半球领先之后，男孩才会发展左半球。由于左半球掌管语言的神经中枢，所以男孩的语言能力发展会比女孩稍微滞后。

女孩的敏感性更强，触觉、听觉、味觉都非常灵敏。女孩能对之进行很好地体验，内心世界也比男孩更加丰富细腻。小女孩即使只抱着一个简单的洋娃娃，也可以和洋娃娃之间进行虚拟的语言沟通和心灵交流。

很多父母都惊讶于女孩能够很好地控制自己的情绪，保持安静和平和。实际上，这是因为女孩的大脑中有一种特殊的物质能够控制女孩冲动的情绪，所以，在两三岁前后，女孩就会表现出比同龄男孩更加稳定的情绪。此外，在女孩还很幼小的时候，她们的大脑已经开始分泌催产素。事实证明，即使是很小的女孩，也喜欢和洋娃相依相伴，这是因为她们天性就喜欢照顾弱小者。科学家经过研究发现，雌性的灵长类动物在面对幼小的婴儿、小动物以及其他需要它们发挥母性去照顾的对象时，大脑中同样会分泌催产素，而这也是让女孩充满母性光辉的根本原因。

现实生活中，很多女孩儿的记忆力明显比男孩的记忆力更强，这是因为她们大脑中最重要的主管记忆的区域——海马趾发育得比男孩好。这就决定了女孩海马趾的神经元数量非常多，而且神经传递的速度非常之快。正因为如此，父母在向女孩传递任务的时候，可以一次性向女孩传递几个任务，女孩都能够按照顺序完成得很好。而当对男孩传递不止一个任务时，男孩却会表现出丢三落四、颠三倒四的现象。这一切都是因为男孩的海马趾没有女孩的海马趾大，所以男孩的记忆力没有女孩的记忆力强。

这与我们的祖先在漫长的进化过程中分工不同有密切的关系。在远古时代，男性负责外出狩猎，女性则负责在家里照顾孩子、操持家务、采摘野果。为此，女性负责的事情是更加琐碎的，为了记住这些事情，女性必须增强自己的记忆力。在漫长的历史进程中，女性的海马趾变得越来越大，她们第一时间就能听到孩子的哭泣，也可以在危险到来的时候表现出坚强的韧性，努力地保护孩子。和女性相比，男性狩猎则只需要勇猛，而不需要过度思考。正是因为这样的进化过程，导致男性更加冲动好斗，喜欢竞争和角逐；而女性则喜欢彼此合作，密切配合，从而更好地完成任务。

在思维方式方面，女性更注重感性思维，她们在考虑很多问题的时候，都会从主观感情的角度出发；而男性则更注重逻辑性思维，因而男性表现出更加理性的特点。除了这些方面之外，女性的脑部结构在很多方面都与男性不同，所以女孩和男孩在成长的过程中也表现出明显的差异。想弄清楚女孩和男孩为什么有巨大的差异，我们就必须了解他们的大脑构造的不同，这样才能够从生理学的角度更加深入地了解女孩的大脑构造，才能够为养育女孩作好充分的准备。

爸妈有话说：

孩子，你是命运赐给爸爸妈妈的小天使，你代表着一切美好，你给全家都带来了希望。不管你做什么，爸爸妈妈都相信你是出于真善美的愿望，也愿意引导你感受生活的美妙和幸福。

第 01 章　这就是女孩：女孩和男孩不一样

女孩拥有X染色体

时至今日，仍然有人都不知道胎儿的性别到底是由什么决定的，尤其是在愚昧的重男轻女的封建家庭，当看到新生儿是女孩的时候，很多人都会指责产妇肚子不争气。其实，新生儿是男孩还是女孩，最终取决于爸爸——来自爸爸的染色体是X还是Y。

染色体与DNA密切相关。DNA是遗传信息的主要携带者，也是遗传基因的载体。人体细胞内有四十六条染色体，分别配成二十三对。前二十二对染色体是常染色体，第二十三对染色体则是决定男女性别的性染色体。女孩的第二十三对染色体是X染色体，男孩的第二十三对染色体是Y染色体。当女孩伴随着X染色体诞生的时候，女孩儿一生的成长也就注定了。

X染色体不喜欢孤独，很善于融入集体之中，喜欢与外部进行相互交流。为此，X染色体始终都在进步。相比之下，Y染色体则因为离群索居而呈现出退化的现象。有科学家经过研究发现，女性的智力高低往往决定了孩子的智力高低，这是因为女性的X染色体上集中了人类的智力基因。所以，当女性的X染色体呈现出很优秀的状态时，它所孕育的生命也就会更加充满智慧。当然，X染色体自身并没有这么强大的力量，在雌激素的全力帮助下，它才能促使女孩呈现出女性特有的特征，最终发展成为成熟的女性。

在小学阶段，女孩往往温顺乖巧，表现非常优秀，为此更能够得到老师的喜欢。当然，凡事有利即有弊，X染色体不但决定了女孩的优点，也决定了女孩会表现出一些天生的弱点。例如，女孩的心非常敏感、细腻，有的时候，爸爸妈妈一句无心的话，就会让女孩委屈得直掉眼泪。这样的情况则很少在男孩身上发生，因为男孩神经大条，简单明了，很少会主动去琢磨爸爸妈妈的话蕴含了哪些复杂的意思。和男孩的勇敢相比，女孩会表现出胆小怯懦的特点。在人际关系中，有些女孩会过度关心乃至担心自己与他人之间的关系，这都是X染色体给女孩带来的困扰。

凡事有利即有弊，作为X染色体的传承拥有者，女孩既表现出自身的优势和特点，也表现出自身的劣势和不足。只有了解X染色体给女孩带来的与众不同，我们才能更加深入地解读孩子，并了解女孩所表现出来的言行举止的特征，从而引导女孩健康快乐地成长，也尽量满足女孩对于爱的需求。

爸妈有话说：

想想吧，这不是很神奇吗？你的身体里有一个X染色体，这个染色体决定了你的喜怒哀乐，决定了你的一举一动，甚至决定了你可以穿上美丽漂亮的裙子，尽情地绽放自己。你应该感谢X染色体的存在，因为是X染色成就了与众不同的你。

不要以思维局限女孩的成长

在确定女孩的性别之后，很多父母都会陷入一个误区，即觉得女孩理所当然就应该是女孩的样子。那么，女孩又该是什么样子呢？实际上，凡事都没有绝对。女孩也许会在通常意义上表现出X染色体的各种特征，但是，因为每个生命个体都是独立的存在，所以女孩也会常常会

第01章　这就是女孩：女孩和男孩不一样

打破常规，呈现出不同的样子。对于女孩的表现，父母一定要给予足够的关注，也要宽容和接纳女孩，而不要因为女孩的不同表现就大惊小怪。

当然，父母还要避免培养女孩的时候发生性别限定，也就是把专家所说的关于培养女孩的经验都套用到女孩身上。女孩本身与众不同的特点，只是通常情况下呈现出来的样子，但是这样的性别定式并不是放之四海而皆准的。现代社会对男孩女孩的要求往往是一视同仁的，为此，父母在培养女孩过程中，不要总是照本宣科，而是应该根据女孩各方面的情况给予女孩最好的引导和启发。

现实生活中，很多父母都认为女孩在小学阶段的表现会比较好，而一旦进入初中之后，她们就会呈现出很大的劣势。其实不然。女孩在小学阶段的语言能力和思维能力的发展都比男孩更强，虽然到了初中之后，这种差距会在男孩的大力发展之下渐渐缩小，但是这并不意味着女孩就会退居男孩之后。父母不要把这个不成文的定律当成金科玉律，而应该努力培养女孩，督促女孩不断进步和成长。

有的人认为女孩儿更擅长文科，男孩更擅长理科。其实不然。在理科学校里，会有非常出类拔萃的女孩，在文科学校里，也会有敏感系列的男孩。由此可见，男孩女孩的行为表现和优势特长并不完全是由X和Y染色体决定的，也会根据他们自身成长的具体情况而有所呈现。

很多单位不愿意录用女性员工，是因为觉得女性在体能、思维能力方面都处于弱势。其实不然。现在，在很多有名的高校之中，女性的比例都在不断提升，而且，大多数单位在聘用人才的时候，都很少再表现出对女性的歧视。其实，不仅男孩和女孩有明显的区别，每一个人都是独立的生命个体，都会有不同的优势和长处，也会有不同的缺点和不足。每个人要想更好地与他人进行分工合作，就要进行密切的配合，这样才能扬长避短、取长补短。

父母也不要因为更想得到一个男孩就把女孩当男孩养。有些父母重男轻女的思想很严重，往往对着如花似玉的女儿喊儿子，不得不说，这会给孩子造成严重的性别困扰，使得女孩产生性别错位。女孩就是女孩，她与男孩有着本质的不同，尽管可以巾帼不让须眉，却也要清楚地知道自己是女孩。父母要做的是激发女孩的天性，让女孩顺应天性地成长和发展。与此同时，父母教育孩子的方式也要符合女孩的具体情况，这样才能引导和女孩，使她健康快乐地成长。

爸妈有话说：

女孩既有自身的优势，也有自身的劣势。作为女孩，你既要认识到自己的优点，也要认识到自己的缺点，这样才能在成长的过程中不断地激发潜能，做到取长补短、扬长避短，从而让自己更加全面地发展。

养育女孩，父母要避开认知误区

甜甜是一个四岁的女孩，对于甜甜，已经有了一个儿子的爸爸妈妈寄予了很大的期望。他们希望甜甜成为一个真正的淑女，温柔善良、善解人意，与人相处也能和谐融洽。然而，在三岁这段叛逆期时，甜甜的表现让父母大跌眼镜，甜甜的脾气很坏，非常固执，总是很任性，自己认准的事情，即使遭到父母的反对，也绝不妥协。甜甜还很坚强，有一次，她从沙发上掉下来，摔落地上，导致锁骨骨折。在不知道甜甜骨折的情况下，妈妈安抚她，她却坚持自己走到房间里躺下，想要自己一个

第01章 这就是女孩：女孩和男孩不一样

人安静地承受伤痛，甚至把妈妈赶出房间。直到后来去医院拍了片子之后，妈妈才得知甜甜骨折了，她不由得惊讶于甜甜顽强的毅力和承受能力。看着和男孩一样顽皮的甜甜，妈妈简直怀疑自己生错了，应该把甜甜生成一个男孩才对呢！

每当家里有客人到来的时候，看着甜甜上蹿下跳，妈妈总是开玩笑一样说："这个丫头真是生错了，应该是个男孩儿，比男孩还顽皮！"

不得不说，妈妈对于甜甜的认知陷入了一个误区，即她认为甜甜既然是女孩，就应该符合女孩的一切行为表现，例如，温柔善良、活泼美丽、落落大方，偶尔撒撒娇，而不应该表现出特别顽劣和任性的一面。实际上，父母面对孩子的时候，常常会在不知不觉中把女孩当成一道熟悉的菜，他们只允许这道菜中出现他们习以为常的调料和配菜，而不希望这道菜中有太多让他们感到新鲜和惊喜的东西。有些父母甚至会把女孩身上表现出来的不符合女性气质的东西强行剔除或改变，殊不知，这对于女孩是一种强制性的伤害。父母如果真正爱自己的女孩，就应该全盘接纳女孩，这样才能够更好地引导女孩成长，才能够给予女孩爱与自由的空间。

女孩从来不是温顺的小绵羊，她们小时候会和男孩一样顽皮，甚至表现出比男孩更加勇敢任性的模样。即使父母强烈禁止，也不能令她们有所改变。其实，父母过度保护的欲望，更容易激发出女孩不服输的心理状态。此外，父母不要拿教育男孩的方式套用到女孩身上，因为女孩和男孩是截然不同的，也不要直接给女孩贴上假小子的标签，否则很容易让女孩产生性别错位心理。

从来没有人说女孩儿必须静若处子，每个孩子在特定的成长阶段都有自身的性格特点，也有自己的行为特征。父母要全盘接纳孩子的行

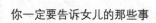

为表现，也要意识到女孩不是文静的代名词。还有一些父母会把女孩打扮得非常漂亮，就像一个不折不扣的洋娃娃一样，走到哪里都能吸引他人的目光。实际上，女孩绝不能仅仅成为漂亮的"花瓶"，在竞争激烈的现代社会，女孩也必须有一技之长，也要拥有渊博的知识和过人的技能，才能更好地生存下去。

爸妈有话说：

宝贝，你是女孩，你是美丽的天使，你是坚强的花朵。在成长的过程中，爸爸妈妈不会用太多的条条框框去限制你，而是会尽量给予你爱与自由的空间，让你可以发展天性，按照自己本来的样子去快乐地成长。

要多多关注与挚爱女孩

这天晚上，妈妈因为上班很累很辛苦，需要好好休息，所以没有陪伴四岁的甜甜睡觉，为此甜甜生妈妈的气了！在睡觉之前，她气鼓鼓地离开妈妈的房间，说："我就知道你不会要我的！"其实，妈妈何尝不想每天晚上都搂着香喷喷的甜甜入睡呢？只是因为妈妈也需要抽空补充睡眠，所以不得不偶尔让奶奶陪着甜甜入睡。

次日早晨，妈妈一起床就去看甜甜。甜甜已经醒了，听到妈妈亲昵地呼唤她的名字，甜甜当即撅着小屁股对着妈妈，不愿意看妈妈。妈妈意识到甜甜还在生气，不由得感到很无奈：这个家伙怎么一直在生气呢，这么记仇！

如果父母拥有养育男孩和女孩的经历，在对比之中，就会发现女孩

第01章　这就是女孩：女孩和男孩不一样

比男孩更加感性。如果说男孩是粗线条的，那么女孩则是非常温柔细腻的。如果说男孩是粗心大意的，那么女孩则是非常小心细致的。对于那些细小的事情，女孩都可以敏锐地感知到，就像事例中的甜甜，虽然才四岁，但是她对于前一天晚上的事情一直表示很生气。直到次日清晨醒来，她仍不愿意与妈妈恢复亲密的关系，这可真是个记仇的小姑娘。这就告诉父母，在面对女孩的时候，要以更加柔和细腻的方式对待女孩，而不要以养育男孩那种简单粗暴的方式套用在女孩身上。

家庭生活里，难免会发生各种磕磕碰碰的事情，尤其是父母和子女之间，随着孩子不断地成长，因为观念和主张的冲突，或者因为学业上的要求，父母很容易与孩子发生各种各样的矛盾和纷争。作为父母，在面对女孩的时候，我们要更多地考虑女孩的感性，从而照顾好女孩的情绪。

女孩的感知力非常敏锐，所以她们对于家庭氛围的要求比男孩更高。通常情况下，当父母吵架的时候，男孩往往对此不以为然，也几乎不把这件事情放在心上，而女孩却会为此感到忧愁，乃至陷入焦虑紧张的状态。因此，对于女孩而言，父母能否友好相处，决定了她是否具有安全感。

除了父母的婚姻关系会影响女孩的心理状态之外，亲子之间的各种误会，也很容易让女孩陷入焦虑之中。在与女孩相处的时候，父母要尽量避免误会的发生，也要尽量给予女孩被爱的感觉。尤其是在和女孩发生意见分歧的时候，如果女孩的愿望是合理的，那么父母就要尽量尊重女孩的选择，而不要过度强迫女孩。总而言之，父母要让女孩感受到自己是被爱与尊重的，也要让女孩在家庭生活中获得真正的安全感，这样女孩才能够情绪平和，健康快乐地成长。

爸妈有话说：

女性都是非常感性的，这一点在小小年纪的女孩身上也会有所表现。作为爸爸妈妈最爱的小女孩，如果你有想对爸爸妈妈说的话，随时都可以告诉我们，而不用隐藏在心里。记住，爸爸妈妈永远是最爱你的人。

多愁善感的女孩容易受伤

思思是一个非常敏感的女孩，她从小就很安静也很内向，很少说出心里的话。她长大之后，爸爸妈妈也不知道她的心里在想什么。

有一天上课，老师提问思思一个问题，思思也许不知道答案，也许害羞不敢说，她站起来之后只是低着头看着课本，一直都没有抬头看老师。老师看到思思无动于衷的样子，只好让另外一个同学来回答问题。让老师很惊讶的是，在那个同学回答完问题之后，思思居然趴在座位上伤心地哭起来。老师安慰思思："有问题不会回答这很正常，不值得难为情啊，你为什么要哭呢？"思思一句话也不说，眼睛哭得红肿。后来，思思接连几节课都心不在焉。

看到思思的情况，老师很担忧，当即打电话把当天上课的情形告诉了思思的妈妈。妈妈听到之后对老师说："她平日里在家就是这样，我们根本不敢说她。有的时候，即便我们没有批评她，她也会伤心地哭泣，弄得我们现在和她沟通的时候压力很大。"

女孩的心是非常细腻的，而且女孩自尊心特别强烈。如果父母不了解女孩的敏感，那么，当女孩因为敏感而情绪波动时，父母往往也会觉

第01章 这就是女孩：女孩和男孩不一样

得丈二和尚摸不着头脑。所谓说者无意，听者有心，很多时候，说话的人根本没有想太多，但是听话的人已是心中翻江倒海、情绪波澜壮阔。面对敏感细腻的女孩，父母会发现，女孩的过度敏感常常给身边的人带来很大的困扰。和女孩相比，男孩的内心更坚强，男孩哪怕被老师或者父母批评，也会勇敢地承认错误，从而主动改进自己。男孩很少哭泣，他们往往会在问题解决之后马上就恢复如常。父母只有了解女孩的内心，才能保护好女孩敏感的心，让女孩更加快乐地成长。

其实，越是自尊心强烈的女孩，越是缺乏自信，她们对自己缺乏客观公正的评价，也总是担心别人会批评她或者说出让她无法面对的事情，其实这就是女孩的敏感心导致的。现代社会，大多数孩子都是家里的独生子女，从小就在父母无微不至的呵护下成长，承受挫折的能力很差。对于这样的女孩，父母应该有意识地给女孩历练的机会，让女孩经受更多的磨练，并有意识地锤炼女孩的内心，让女孩变得更加坚强。唯有如此，女孩才能够勇敢地面对人生。

爸妈有话说：

孩子，在爸爸妈妈的照顾下，你会健康快乐地成长起来，但是爸爸妈妈不可能永远照顾你，更不可能永远陪伴在你的身边。你终究要独立，独自面对世界。人生中有很多的风雨泥泞与坎坷，你要勇敢地迎上去，才能让自己的内心变得真正坚强。记住，哭泣不能解决任何问题，在遇到问题的时候，你要笑着面对，这才意味着你真正长大了。

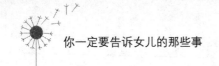

战胜自我,绝不怯懦

思思不但很敏感,而且非常害羞,每当家里来客人的时候,思思总是很发愁,因为妈妈会要求她向客人问好,还会要求她在客人面前展示才艺。对此,思思恨不得找个地缝钻进去,天知道,她根本不想面对这些不知道从哪里来的陌生人,也不愿意展示自己的才华给他们看。

中午放学的时候,妈妈打电话给思思,告诉思思:"舅舅来家里了。"虽然思思很喜欢和舅舅家的表妹一起玩,但是她不想见舅舅。为了逃避见舅舅,思思想了个好办法,她打电话告诉妈妈:"妈妈,我今天要在学校写作业,中午就不回家吃了。"整个中午,思思都留在学校,她根本没有钱买东西吃,只好饿着肚子度过整个下午。尽管一下午都饥肠辘辘,思思还是觉得很满足,一想到回家的时候舅舅已经离开,她就感到内心很轻松。

在一定的限度内,怕羞是正常的,但是当女孩超过正常的限度、表现出过度害羞时,女孩的成长就有麻烦了。如果觉得羞已经严重影响生活,就要找心理医生咨询,从而解开这个心结。在这个事例中,思思因为怕羞不想向舅舅问好,为了逃避舅舅居然选择留在学校,放弃吃午饭,不得不说,思思的怕羞已经达到了很严重的程度。

从心理学的角度来说,思思的内心是非常怯懦的。很多怯懦的人都不敢面对大众,他们更喜欢独来独往,在遇到那些难以战胜的难题时,他们还会情不自禁地退缩。心理学家通过研究发现,每个人的先天条件都相差无几,之所以有的人会成功,而有的人总是与失败纠缠,是因为他们对待失败的态度不同。成功者能够踩着失败的阶梯不断地努力向上,而失败者在失败面前则会一蹶不振,完全放弃。后者虽然不会再次

第01章　这就是女孩：女孩和男孩不一样

遭遇失败，但是也彻底失去了成功的机会。

看到女孩怯懦的时候，父母总是感到手足无措。其实，父母要有意识地培养女孩的勇气，也要以身示范做好女孩的榜样，这样女孩才会越来越勇敢。此外，还要培养女孩独立的能力，让女孩勇敢地做好力所能及的事情，并拥有足够的自信面对人生中的坎坷。这样，女孩才能更加勇气可嘉。当然，在女孩表现出一定的进步时，父母要及时鼓励和奖赏女孩，这样女孩才会感觉得到了认可，才会继续努力，再接再厉。

现代社会，在很多家庭里，都是由妈妈和奶奶或者姥姥负责养育孩子。为了避免孩子受到伤害，妈妈、姥姥或奶奶都会限制孩子行动的自由，也总是把安全问题挂在嘴边。要想培养女孩的勇气，不妨尝试着让爸爸多和孩子在一起玩耍，并以身示范，给孩子做出最佳的榜样，这样女孩才会更加勇敢坚强，才会在人生的道路上成长得更加迅速。

爸妈有话说：

女孩，你的名字不是怯懦，任何时候你都应该勇往直前，为自己开辟前行的路。正如大文豪鲁迅先生所说的，其实地上本没有路，走的人多了，也便成了路。谁说女孩就要走怯懦的道路呢？当你变得阳光自信、充满勇气时，你就会发现，人生变得截然不同。

避免女孩总是依赖父母

可可从小就跟妈妈一起长大，爸爸因为工作，长年累月地在外面出差，所以可可见到爸爸的次数有限。每天从早到晚，可可都和妈妈待在一起，她对妈妈的感情很深，也非常依恋妈妈。

到了上幼儿园的年纪，可可该去幼儿园了。送可可去幼儿园，成了妈妈最痛苦的事情。在去幼儿园的初期，可可每次都会死死地拉着妈妈的衣角不愿意松开，好不容易走进教室，妈妈才离开，她却又哭得撕心裂肺。有的时候，妈妈即使已经走到校门口，也还能听到教室里传来可可的哭声。对于可可这样的状态，妈妈也不知道如何是好。

很多妈妈都会特别心疼女孩，为此，在有了女儿之后，她们往往全身心地扑在女儿身上。实际上，这样全力以赴地陪伴和疼爱女儿，给女儿的并非更多的照顾和爱，反而会导致女儿对妈妈过度依恋。

每个女孩从婴儿时期就有感情上的需求，在感觉不到妈妈的爱时，她们会以哭泣的方式吸引妈妈的注意。在这个时候，妈妈可以抱起女孩，因为，对于婴儿，无论妈妈再怎么疼爱都是不为过的。然而，随着女孩渐渐长大，如果妈妈依然这样保护孩子，给予女孩无微不至的关爱，渐渐地，女孩就会习惯在妈妈爱的包裹中成长，也习惯于在妈妈爱的包裹之中证明自己的存在。一旦妈妈忽视她们或者是不能满足她们的需求，她们就会哭闹不止，就会求抱抱或者要求妈妈每时每刻都要陪伴着她们。

在爱孩子的时候，一定不要毫无限度，而是要有所节制。随着孩子不断地成长，父母爱的方式也应该进行调整，这样才能给予孩子最好的关照和引导。需要注意的是，那些相对独立自强的女孩总是可以更好地照顾自己，对妈妈的依赖性也会大大减弱，而那些相对依赖父母的女孩则总是过度地向父母索求，哪怕有小小的需求，她们也无法自己满足自己。要想避免这种情况的发生，除了要培养女孩的独立自主性之外，父母还要控制好陪伴女孩的时间。父母总有工作需要做，就算妈妈是全职家庭主妇,也需要做各种的家务,所以要有限度地陪伴女孩,这一点非常重要。很多时候,并非女孩离不开父母,而是父母离不开女孩,因此,父母要摆正自己的位置,与孩子保持适度的距离,这样才能更好地照顾女孩。

当然,对于年幼的女孩来说,和父母的相互依存、亲密接触,对她们的成长至关重要。很多父母误以为处于婴儿时期的孩子是没有记忆力的,所以把孩子托付给老人照顾,心理学家经过研究证实,如果孩子在婴儿时期不能得到父母全心全意的爱,那么,未来成长的过程中,他们在感情方面就会处于饥渴的状态,心理也会因此而扭曲和异常。要想让女孩相对独立,既不要过度陪伴女孩,也不要故意疏忽女孩,只有适度地陪伴,满足女孩对于心理和感情上的需求,她们才会更加健康快乐地成长。

爸妈有话说:

爸爸妈妈永远是最爱你的人,任何时候,爸爸妈妈都是你坚强的后盾,都在你的背后。当你觉得疲惫的时候,当你遇到难题不能解决的时候,都可以向爸爸妈妈求助。记住:爸爸妈妈就在家里,为你守护着家,为你守护着人生的来处!

第02章
在长大别害怕：了解正在悄悄变化的自己

随着时间的流逝，女孩从幼儿到儿童，再到进入青春期，一直在不断地成长。进入青春期之后，女孩会继续成长，身心都将发生巨大的变化。面对身体的诸多变化，如果不能提前了解自己即将面对的变化，女孩难免会感到非常恐惧，不得不说，这对于女孩而言是很糟糕的成长体验。所以，父母要对女孩的成长起到引导作用，尤其是妈妈，更要给女孩讲授青春期的生理卫生知识，让女孩胸有成竹地迎接成长和改变。

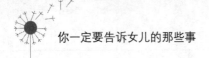

胸部为何越来越大了

萌萌正在读初一,最近她发现自己的身体有了非常明显的变化,那就是胸前的小豆豆似乎一夜之间长大了,有些凸起,而且有些胀痛,这让萌萌感到很害羞。上体育课的时候,她都不敢跑步,平时跟同学们在一起玩,她也尽量减小运动的幅度。因为,看着胸前的"小馒头"不停地晃动,她总觉得自己的身上聚集了无数的目光。

周末,妈妈神秘兮兮地拿出两件纯棉质地的胸衣给萌萌,萌萌这才知道妈妈早就发现了她的小秘密,不由得满面绯红。妈妈笑着说:"孩子,这没有什么害羞的,你长大了,进入青春期,所以乳房开始发育。渐渐地,你的身材会变得越来越像妈妈,因为你会成长为一个成熟的女性。"听到妈妈这么说,萌萌感到很惊讶:"真的吗?但是我的胸部怎么会长得像妈妈的那么大呢?"妈妈耐心地告诉萌萌:"青春期的第二性征之中,就包括乳房的发育,所以你只要等待自己渐渐长大就可以了,不要为此而感到羞愧。妈妈给你买的胸衣,穿上之后会对胸部起到更好的固定支撑作用,这样你就不会在运动的时候感到尴尬了。"

进入青春期之后,女孩的乳房就开始发育。女孩进入青春期的信号之一就是乳房的发育。乳房发育开始得比较早,是因为女孩的身体内分泌了大量的雌性激素。在十岁之前,女孩的胸部看起来和男孩的没有太明显的区别。十岁之后，女孩的乳房开始发育，先是乳头和乳晕隆起，乳头变得越来越大。此后，乳腺和脂肪组织会渐渐凸起。在这个阶段，女孩会觉得乳房有些胀痛，不过，只要不超过正常的范围，就无须过多关注。等到乳房发育成熟之后，这种胀痛的感觉就会消失，在十二三岁时，乳房和乳晕进一步扩大，乳房变得越来越圆润，成为一个馒头的形状。到了十四五岁之后，乳房开始高高凸起，就像一个小小的球体。到了十八至二十岁前后，女孩的乳房基本发育成熟，和成人女性的乳房一样，形状变得更加丰满圆润。这个阶段，女孩的身体也发育成熟，成为亭亭玉立的少女。

很多女孩，当乳房开始发育时会感到很害羞，为此想出各种办法来束缚乳房，不让乳房长得太快。实际上，这对乳房的成长是不利的。女孩应该怀着坦然的心态，迎接青春期发育的到来。如果能够穿上合体的胸衣，并进行适量的运动，就可以拥有健美的身形。

需要注意的是，在这个阶段一定要摄入充足的营养，因为女孩在青春期身体发育的速度非常快，需要摄入充足的脂肪和蛋白质。父母要为女孩提供充足的营养，才能保证女孩健康地成长。妈妈还要更关注女孩的发育情况，例如，在看到女孩的乳房开始发育之后，及时为女孩选购合体的胸衣，帮助女孩塑造优美的身型，以便为女孩的成长奠定坚实的基础。

爸妈有话说：

乳房是女性最为重要的第二性征之一，在青春期之后，你的乳房开始发育，会有一些不舒适的胀痛感觉。你可以求助于妈妈，也可以查阅青春期生理卫生知识，总而言之，不要盲目地束缚乳房，唯有保护好乳房，你未来才会拥有更优美的身形。

乳房里的肿块是怎么回事

随着乳房的不断发育，萌萌有一天洗澡的时候，突然摸到乳房里有一个硬块。这个硬块使乳房非常胀痛，让萌萌无法自由地活动。有的时候，萌萌侧着身体睡觉，触碰到这个硬块，也会感到很胀痛。

前段时间，萌萌的姑姑查出来患了乳腺癌，为此萌萌也感到很害怕，她暗暗想道：我是不是也患了乳腺癌呢？不然，我的乳房为何这么疼呢？妈妈说我的乳房在发育，但是正常发育的乳房应该不会这么疼吧？萌萌不敢把自己的担忧直接告诉妈妈，而是告诉了闺蜜小雪。小雪在听完萌萌讲述的这些情况之后，马上对萌萌说："难道我也得乳腺癌了吗？因为我的症状跟你一模一样。"小雪还让萌萌触摸她乳房里的肿块，萌萌确定小雪的情况果真和她完全相同。考虑到问题的严重性，萌萌决定回家向妈妈寻求帮助。听完萌萌的讲诉之后，妈妈有些哭笑不得："萌萌，在青春发育期，乳房里有肿块是正常的，感到胀痛也是正常的，不要这么紧张，也不要这么焦虑。你要放松心情，乳房才会发育得更好。"妈妈的安慰让萌萌恢复了平静，她赶紧打电话，将妈妈的解释告诉小雪，让小雪放下心来。不过，为了安全起见，妈妈还是带着萌萌去医院做了乳腺检查。在超声检查之后，结果显示萌萌的乳房只是因为处于发育初期，所以才会出现肿块，看到检查结果，萌萌彻底放下心来。

很多刚进入青春期的女孩，在乳房开始发育的时候，都会觉得胀

第 02 章　在长大别害怕：了解正在悄悄变化的自己

痛，也会在乳房里摸到肿块。这是因为，在体内分泌大量雌激素的情况下，乳腺开始快速成长和发育。乳房里除了乳腺之外，还有很多脂肪。每个女孩的身体差异不同，所以女孩发育时间的早晚不同，症状表现也不一样。在乳房发育的初期，也就是乳蕾期，发育引起的各种症状更加明显。为了让乳房能够健康成长，女孩应该保持愉悦的情绪，不要感到忧虑，此外还要保证充足的睡眠。这样，女孩才能够增强体质，让身体快速成长。

对于已经有月经初潮的女孩来说，在月经来潮之前一个星期的时间，乳房也会有胀痛的情况发生。越是在剧烈运动情况的情况下，胀痛越是严重。除了雌性激素的作用之外，还有脑垂体激素的分泌，都很容易导致乳腺增生等情况。随着月经来潮，女孩体内会有大量的水分驻留，导致身体轻微水肿，自然也会感到不舒适。等到月经周期过后，紧张的乳房就会松弛下来，疼痛感也会减轻，所以女孩无须因为这种周期性的疼痛而感到担忧，因为这是完全正常的生理现象。

爸妈有话说：

乳房是女性的第二性征之一，也是女性哺乳孩子的工具。乳房里分泌出来的乳汁是孩子最好的粮食，所以，对于女性而言，乳房不但关系到体形的美丽，也关系到哺乳后代。你正处于青春期，乳房开始生长发育，一定要爱惜乳房，照顾好乳房，这样才能健康美丽地成长。

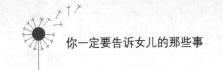

为何两个乳房不一样大呢

乳房胀痛的事情刚刚弄明白，小雪悬着的心才刚刚放下来，结果，有一天洗澡的时候，她对着镜子擦拭身体，却又突然发现乳房出现明显的一大一小的情况。小雪发现右侧乳房如同一个雪白的大馒头，而左侧的乳房却只似微微凸起的小山丘，她感到很紧张：难道人体不应该是符合对称美的原则的吗？乳房是女性美的象征，难道我只能是一个乳房成长，另外一个乳房却始终停滞不前吗？

想起上次因为乳房胀痛闹起的笑话，小雪这次不想再担忧，她赶紧去找妈妈询问情况。妈妈对于这样的情况显然也没有经验，她也感到很紧张，只想到小雪的乳房是不是有了不该有的东西。为此，妈妈第一时间带着小雪去医院乳腺科就诊，医生在检查了小雪的乳房之后，对妈妈说："完全正常。女孩的乳房刚刚开始发育，并不会保持完全一致，一个乳房先发育，一个乳房后发育，这是正常的，无须担忧。等到进入青春后期，乳房发育成熟之后，这种大小不一的情况就会有所改善。当然，很多成年女性也会出现乳房大小不同的情况，这都是正常的，只要没有异常的症状，就无须过分担忧。"在医生的解释下，妈妈放下心来，回到家里之后，妈妈告诉小雪要保持心情愉悦，也要保证充足的睡眠，这样才能更加健康美丽地成长。

除了发育的时间早晚不同之外，乳房发育的大小还受到压力的影响，例如，女孩儿总是习惯于向着一侧睡觉，那么经常被挤压的那一侧乳房就会长得更大。如果女孩穿的文胸不符合身体的发育情况，给了乳房太大的压力，乳房也会增大。此外，运动的时候牵扯到哪边的肌肉更多，也会使那一侧的乳房发育更快。当然，对于已经结婚生子的女性来

第02章 在长大别害怕：了解正在悄悄变化的自己

说，在哺乳过程中，如果不能做到让婴儿均衡地吮吸两侧乳房，而经常用一侧的乳房喂养孩子，则被孩子吮吸次数更多的乳房也会有增大的表现。总而言之，乳房是女性重要的第二性征，但是这并不意味着两个乳房必须是绝对同等大小的。在女性身体发育定型之前，乳房的发育总会有早有晚，有大有小，所以，要等到身体发育成熟之后再来判断乳房的大小是否一致。

如果乳房大小相差悬殊，少女可以通过锻炼的方式来增大一侧乳房，从而达到更加对称的目的，也可以通过按摩的方式来刺激乳房的生长。总而言之，在乳房没有完全发育成熟之前，只要没有异常的现象和感觉，也没有医学上的判断证明乳房出现任何问题，少女完全可以怀着愉悦的心情面对成长和发育，而不要过分紧张和焦虑。

爸妈有话说：

乳房一大一小的情况是完全正常的，当你发现自己的乳房发育不对称的时候，不要紧张，而要观察自己有没有异常的感觉。在一切正常的情况下，你完全可以怀着愉悦的心情，接纳青春期的到来，要相信，你终究会成为一个美丽的女孩。

如何挑选文胸

进入初中二年级之后，萌萌发现乳房生长的速度越来越快。悄悄留心班级里其他女生，萌萌发现她们的乳房并没有明显凸起，只有她的乳房高高凸起。上体育课时，萌萌在跑步的时候根本不敢卖力地去奔跑，生怕同学们因为看到她的乳房上下晃动而嘲笑她。有一次，在体育课上，体育老师进行八百米测试。萌萌虽然努力地奔跑，却不敢跑到最快的速度，测试的结果显示，萌萌不合格。为了让同学们都通过考试，体育老师特意把包括萌萌在内的几个不合格的同学都留下来，要求他们围着操场跑五圈，等到下一次体育考试的时候再进行重新测试。萌萌委屈地哭起来，她很清楚自己完全可以达标，都是不断长大的乳房拖了她的后腿。

回到家里，看着萌萌红通通的眼睛，妈妈知道萌萌一定受到了委屈。在妈妈的再三追问下，萌萌诉说了自己的苦恼，妈妈听了不由得一拍脑门对萌萌说："都是妈妈做得不好，妈妈忽略了你在体育课上的运动量越来越大。这样吧，明天妈妈就为你选购一款运动专用的文胸，这样，你在参加体育课的时候就可以穿上运动文胸，胸部就不会剧烈地起伏了。"果然，妈妈选购的专业的运动文胸萌萌穿上之后，尴尬的情况有了很大的好转。当老师再次进行长跑测试的时候，萌萌顺利地通过了测试。

青春期女孩的乳房发育非常快，乳房的形状和重量都在不停地变化着，因此，对于青春期女孩的成长，妈妈要给予更多的关注，这样才能及时为孩子选购最合适的文胸产品。文胸不能过小，也不能过大。如果文胸太小，就会限制乳房的发育；如果文胸过大，就无法起到对乳房承托的作用，其对于乳房的固定性也会很差。因此，妈妈要给女孩选购最合适的文胸，这样才可以促进乳房发育。

选购文胸的时候，应该注意以下几点。首先，目前成人穿的定型文胸不适合青春期女孩，因为定型文胸固定的作用很强，而且会对乳房起到束缚的作用，导致女孩乳房的发育受到影响。青春期女孩应该选择少女型文胸或者运动型文胸,这样的文胸对女孩的胸部约束力较小,也可以起到很好的承托作用。女孩参加剧烈运动时,可以穿上运动文胸。其次,要想买到合适的文胸,就必须知道乳房的标准尺寸,测量乳房大小,主要要测量上胸围和下胸围。只有符合女孩实际尺寸的文胸,才能对女孩正在发育之中的乳房起到承托和保护的作用。如果是在商场购买文胸,还可以在条件允许的情况下试穿。女孩要记住,合适的文胸既不能过松也不能太紧,否则会导致乳房疾病的发生,还会给女孩未来的身材和哺乳宝宝等方面带来很大的困扰。

如今市面上文胸的样式和款式都很多,青春期女孩应该选择质地绵柔的文胸,这样才能给乳房透气舒适的感觉。有一些化纤面料的文胸看起来颜色鲜艳、造型美观,但是并不利于女孩的成长发育。女孩的皮肤比较娇嫩,化纤面料的文胸很容易导致女孩过敏。在选购文胸的颜色时,女孩也应该尽量以本色为主,例如,选择彩棉面料的文胸,或者选择白色、米色、肉色等浅色的文胸,这样一来,含有的染色剂相对比较少,就更加健康安全。

很多女孩不好意思穿文胸,尤其是在班级里其他的女孩都没有穿文胸的情况下,第一个穿文胸的女孩可能会招致同学们的指指点点。特别是在夏天,衣服比较单薄,有的时候文胸会透过衣服隐约地透出来。其实,女孩不要为此而感到烦恼,更不要因此而感到紧张,因为穿文胸意味着女孩的身体渐渐发育成熟,也意味着女孩正在走向成年。需要注意的是,很多女孩为了省事,都习惯于戴着文胸睡觉,实际上正确的做法是在睡觉的时候把文胸取下来。文胸对于身体是一种束缚,戴着文胸睡觉会导致在夜晚睡眠的时候胸部血流不畅,会给女孩的身体发育带来负面影响。总而言之,只有穿上合适的文胸,以正确的佩戴方法佩戴文胸，文胸才能对女孩的身体发育起到积极的促进作用。

有话说：

不知不觉间，你从襁褓中的婴儿长成了亭亭玉立的少女。看着你，妈妈觉得满心欣喜。随着不断地成长，你会面临很多困惑，对此，你一定要第一时间向妈妈寻求帮助，这样妈妈才能够帮助你解答难题。乳房是女性美丽的体现，也是最重要的第二性征，还是未来哺乳孩子的重要工具，所以对于乳房的发育你应该满怀欣喜。

为何私密处会长出毛毛呢

时光飞逝，转眼之间，萌萌已经从初二的小女孩变成了初三的大姑娘。最近这段时间，萌萌已经习惯了乳房的发育，再也不会含胸驼背，生怕别人看见凸起的乳房，而是挺胸抬头、昂首阔步。有的时候，看到同学们投过来异样的眼光，萌萌甚至觉得挺骄傲的。对于萌萌的表现，妈妈也很欣慰。

然而，伴随着成长，萌萌又面临了一个新的问题。最近这段时间，她发现自己的私密处长出了浓密的毛毛，这些毛毛比普通的汗毛更长，颜色是棕黄色的。随着时间的推移，这些毛毛越来越长，而且越来越来越深。萌萌不知道自己怎么了，有的时候，好朋友小雪邀请她一起去洗澡，她都不敢去。看着萌萌与自己越来越疏远，小雪也挺郁闷的，因为，从上初一起，她们就经常结伴洗澡，现在萌萌为什么不愿意和她一起去洗澡了呢？

第02章 在长大别害怕:了解正在悄悄变化的自己

有一次,小雪又邀请萌萌去洗澡,萌萌又拒绝了。小雪很生气,直截了当地问:"萌萌,你是不是不想当我好朋友了?要不然,为何你总是拒绝我呢?"萌萌看着小雪欲言又止,犹豫了很长时间,才吞吞吐吐地说:"我不是不愿意跟你去洗澡,是因为我的那个地方长出了很多毛毛,我不敢去公共的洗澡堂,只能每个周末回家的时候偷偷地在家里洗澡。"听到萌萌这么说,小雪忍不住哈哈大笑起来:"萌萌,上一次乳房里有肿块是你给我解答了疑问,这一次就让我给你解释一下是怎么回事儿吧!"看着小雪胸有成竹的样子,萌萌很惊讶。

小雪一本正经地对萌萌说:"每个女孩在进入青春期之后都会长出阴毛,这是为了保护隐私部位不被衣物摩擦,也能够起到排汗和吸湿的作用。男孩也是这样的,所以你不要觉得紧张。据我所知,班级里很多女孩都已经长出阴毛了呢!"听到小雪这么说,萌萌紧张的心情才放松下来。她如释重负:"原来是这么回事儿啊!"

在青春期的发育之中,女孩有两个第二性征的发育特别明显,一个是乳房的生长,一个就是阴毛的生长。作为人类的第二性征之一——阴毛,其生长也标志着青春期女孩儿的性成熟。在达到一定年龄之后,大多数女孩都会长出阴毛。

我们的老祖先是类人猿,他们全身都长满了毛,经过长时间的进化,人类的毛发变得越来越少,如今只剩下两种毛发。一种毛发是与激素分泌没有关系的头发、眉毛、睫毛等,这是男孩女孩都会有的,也是一出生就已经长出来的。还有一种毛发是在激素的作用下才不断生长的,例如,在青春期,女孩会长出阴毛、腋毛。阴毛刚刚长出来的时候是非常稀疏的,而且颜色很浅,随着青春期的不断推进,女孩的身体越来越成熟,阴毛颜色才会变得越来越深,也更加浓密。当然,也有极少数人不会长阴毛，这是因为他们身体的毛囊对于性激素的刺激没有那么敏感。因此，即便不长阴毛，女孩也不需要过分紧张，只要女孩的身体发育在其他方面都一切正常，即使不长阴毛，也不影响女孩正常的生长发育。

阴毛和身体上的其他毛发一样，对人体能够起到保护的作用，尤其是在私处。因为私处经常与衣物发生摩擦，且皮肤非常娇嫩，所以阴毛能够有效地保护私处；而吸收汗液、保持干燥，这对于女孩私处的健康也非常有利。此外，阴毛还会起到一定的保暖作用。众所周知，女性的子宫和卵巢都需要温暖的环境，阴毛的存在会为子宫和卵子提供温暖的生存环境，更有利于女性的身体健康。

现代社会，有很多女孩都不愿意长阴毛，因为她们觉得阴毛不够美观。实际上，这就是一种谬论。要知道，当女孩想方设法剃掉阴毛的时候，身体一定会受到伤害，所以，对于阴毛的生长，女孩要理解并接受。

爸妈有话说：

孩子，随着不断地成长，你会发现身体相继出现各种各样的变化，在成长的过程中，这些变化都是正常的，你要怀着坦然的心态去接受。对于不了解的情况，你要及时求助于妈妈，这样才能避免过度紧张焦虑，才能够顺其自然地走过青春期。

我的头发怎么白了

进入初三阶段，学习节奏更紧张，学习压力更大，不知道是因为学

第 02 章 在长大别害怕：了解正在悄悄变化的自己

习紧张，还是受遗传因素的影响，小雪居然长出了白头发。看着镜子里不断映入眼帘的白发，小雪很忧愁，也生怕同学们发现她的白发，乃至给她起外号。

周末，小雪和妈妈一起去菜市场买菜。在一个菜摊上，摊主的小孩居然称小雪为阿姨，这让才十五岁的小雪感到难以接受。回到家里，小雪看着镜子里的自己，特别沮丧。妈妈看到小雪的样子，问小雪是不是不舒服，小雪伤心地对妈妈说："妈妈，我是不是看起来和你年纪差不多呀，我都有白头发了，害得我看起来像老了二十岁！"看着小雪沮丧的样子，妈妈说："小雪，你这是少白头，不是真正的白头。也许是精神压力大导致的，也许是一些致病的因素导致的，只要我们积极治疗，除掉这些引起白头的因素，你的头发很快就会转黑的。"

对于女孩而言，拥有一头漂亮的青丝当然是一种骄傲，也是值得人人羡慕的。但是，随着生活环境的污染越来越严重，随着承受的学业压力越来越大，很多孩子都会在青春期出现少白头的情况，这让他们感到非常苦恼。尤其是在同龄人的团体中，如果被其他伙伴起外号，这些孩子的自尊心就会受到伤害。

人体头发的颜色是由基因决定的，受色素颗粒影响。当人体毛发内的色素细胞功能减退的时候，头发就会从青丝或者红发、棕发等变成白发。随着年龄的不断增长，毛发的色素细胞功能会不断地衰退，等到毛发的色素细胞功能完全消失的时候，头发也就会彻底变白。这就是为什么大多数人在古稀之年会变得满头银发。

从生理的角度来说，人们在三十五岁前后，毛发的色素细胞功能开始衰退，但是这种情况因人而异，并不是每个人在三十五岁前后都会长出白发。有的人因为色素细胞的功能不够强大，在二十岁左右就会出现衰退的情况，导致白发出现，也就是人们常说的少白头。现代社会也有一些青春期孩子出现少白头的情况，或者是因为生活条件的污染，或者是因为学业压力增大，也或者是因为营养失调。

色素细胞需要很多营养元素，这些营养元素包括铜铁锌硒等。有些孩子在成长过程中没有摄入足够的营养元素，或者长期处于营养不良的状态，导致出现白头发的时间大大提前。除了这些生理上的因素之外，精神上的因素也是导致青少年长出白发的重要原因。现代社会各行各业的竞争都非常激烈，父母们望子成龙、望女成凤的心特别迫切，无形中就会给予孩子巨大的压力，让孩子承担繁重的学业，精神变得高度紧张。在现实生活中，很多孩子都是因为受到精神因素的影响而出现少白头的情况。

上述所说的情况都是客观原因导致的，除此之外，很多人之所以出现少白头，是因为遗传。在一个家庭里，如果爸爸或者妈妈有少白头的情况，那么孩子出现少白头情况的概率就会很大。除了遗传因素之外，不管是生理因素，还是精神因素，孩子们只要进行积极的调整，保持精神愉悦、情绪状态饱满，就可以恢复满头青丝。

在日常生活中，孩子一定要积极摄入充足的维生素和营养元素，例如，要多吃水果和蔬菜，也可以吃一些含铁元素比较多的食物，这些健康的食物都有助于孩子们头发的恢复。除此之外，还可以常常进行头部的保健按摩，从而增强头部的血液循环，让头发得到充足的营养，这样一来，长出白头发的情况自然会大大好转。

不可否认的是，若青少年在小小年纪就长出了白头发，他们肯定会招致他人异样的目光。但是长白头发并不是一种疾病，青少年应该更加自信，哪怕是少白头的情况不可逆转，也要保持积极的心态，这样才能

第 02 章　在长大别害怕：了解正在悄悄变化的自己

在成长过程中更健康快乐。

　　爸爸妈妈理解作为女孩的你是很爱美的，小小年纪就长出白发，你一定感到非常苦恼。但是，不要因为少白头而郁郁寡欢，否则，若心情陷入低谷，你只会陷入恶性循环之中，说不定少白头的情况非但难以好转，反而会变得越来越严重。命运给予每个人的礼物都是不同的，我们所要做的就是接受命运的安排，坦然地面对命运。越是在处境艰难的时候，越是应该更加积极。

小屁屁怎么流血了

　　青春期注定是一个多事之秋。萌萌和小雪彼此互通有无，总算解决了乳房发育和阴毛的问题，但是新的问题又接踵而来。有一天，小雪去卫生间的时候，发现自己的下体竟然流血了，与此同时，她的肚子还特别疼。小雪简直吓蒙了，赶紧到教室告诉萌萌，萌萌也没有这样的经历，于是第一时间带着小雪去了学校的医务室。

　　一路上，小雪肚子疼得厉害，满头大汗，脸色惨白。到了医务室，萌萌紧张得语无伦次，好不容易才把小雪的情况告诉医生。医生听了萌萌的讲述，忍不住笑起来说："难道妈妈没有告诉过你在青春期有什么变化吗？"小雪摇摇头，萌萌也摇摇头。医生对小雪说："你这是正常的生理现象呀，你肯定是来初潮。""初潮是什么？"小雪不假思索地问医生。医生拿出一张关于青春期女孩生理卫生的彩页给小雪看。小雪迅速地浏览了彩页上的内容,不禁满面绯红。这时,细心的医生拿出一包卫生巾给小雪说:"你既然不知道初潮,肯定也没有准备卫生巾。这包卫生巾你拿去用吧,你知道怎么用吗?"小雪点点头说:"我看妈妈用过。"就这样,小雪在紧张不安中,好不容易等到放学。回到家里,她第一时间就告诉妈妈身体的变化。妈妈感到很高兴,对小雪说:"小雪,之前乳房的变化只是证明了你开始成熟,初潮的到来才代表着你身体的真正成熟。从此以后,每个月在特定的时间里,你都会来月经,当然妈妈也会为你准备卫生用品,这样你就不至于手足无措。"

小雪还是不太明白,懵懂地问妈妈:"月经有什么用呢?"妈妈拿出一本关于青春期女孩生理卫生的书给小雪,告诉小雪:"月经的到来,意味着女孩已经成为真正成熟的女性,具备生育的能力。每个月排卵之后,才来月经。具体情况,你可以从书上看一看,有不懂的地方再来问妈妈。"听到妈妈把这个问题说得很严肃,小雪的心也不由得郑重起来:难道我从此就告别了童年的时光,成为一个成熟的女性了吗?

很多女孩在初潮的时候都会感到非常紧张,尤其是在她们此前从不了解初潮的情况下。感受着腹部剧烈的疼痛,看到身体里流出鲜红的血,她们会感到恐惧。对此,妈妈应该初潮到来之前就提前告诉女孩与月经相关的知识,这样女孩才能作好心理准备,不会因为月经的到来而紧张失措。

女孩会在十岁到十八岁之间发生初潮,所谓初潮,就是第一次来月经,也是女孩进入青春期之后生殖系统开始工作的标志之一。需要注意的是,这个阶段,女孩的生殖系统虽然已经开始启动工作,却并没有真正成熟。在初潮到来的一段时间里,女孩的月经周期会出现很不稳定的特点,有的时候会一个月来两次月经,有的时候也会几个月才来一次,这都是正常的。这是因为女孩的身体需要一段时间来适应,渐渐地才能呈现出稳定的规律。

经期大概要持续三到七天的时间,短则三天,长则七天。如果月经来的时间过长,会导致女孩出现贫血的状况,因此在经期长、月经量比较大的情况下,妈妈可以适度地为女孩补充一些铁元素。

很多女孩在经期都非常情绪化,如果情绪出现波动,也会导致月经周期改变,例如,在考试前夕,很多女孩过度紧张,这会导致月经提前或者推迟。此外,在经期内,女孩还应该注意保暖,避免吃生冷刺激的食物,也要穿更加温暖厚实的衣服,这样才能够让月经更有规律。

现在,很多人热衷于减肥,每一个女性,不管是瘦还是胖,不管是否真的需要减肥,都叫嚷着要减肥。尤其是青春期女孩,她们对于美丽的追求更加狂热,她们明明已经非常苗条,还是会为了爱美减肥,或者是节食。需要注意的是,人体需要足够的脂肪,如果因为服用减肥药而导致身体内分泌失衡,或者因为过度节食而导致身体不能摄入足够的脂肪,也会导致女孩的月经周期紊乱。女孩一定要记住,身体健康是比美丽更重要的,女孩一定要以健康为第一准则。

月经到来的时候,女孩要注意观察月经的情况,既要关注经期的长短,也要观察月经量的多少。如果发现月经有异常,或者痛经比较严重,就去医院寻求医生的帮助,也可以吃一些活血化瘀的中药,从而帮助月经恢复规律。

爸妈有话说:

孩子,月经的到来,意味着你的生殖系统开始工作,但是此时生殖系统还没有成熟,所以你一定要爱惜自己,在月经到来的时候注意保暖，避免摄入生冷刺激的食物，也要保持情绪的愉悦和充分的休息。唯有你爱惜自己，身体才会给你最好的回报。

我的体重为何这么重

总是把减肥作为口号挂在嘴边的萌萌，在参加学校组织的体检时，看到自己的体重，不由得惊讶地张大了嘴巴。在此之前，萌萌的体重一直维持在四十五千克左右，但是，只是一年的时间，萌萌如今的体重居然达到了五十五千克。萌萌在心里暗暗算计着：我并没有长胖啊，为什么我的体重居然增加了二十斤呢？

晚上回到家里，萌萌拒绝吃饭。妈妈问萌萌："萌萌，你怎么不吃饭呢？"萌萌沮丧地说："我一年的时间就长了二十斤，我也不知道我的肉长到哪里去了，但是体重秤是不会骗人的，我必须节食减肥！"听了萌萌的话，妈妈忍不住笑起来，说："你不知道你的肉长到哪里去了，我可是知道的。你没有发现你的乳房变得更加凸起了吗？而且你穿裤子的尺码也变大了，最重要的是你的身高还增长了呢！骨头和肉都是很有分量的，只不过因为你长高了，所以你看不到自己某个地方有什么明显的变化。"萌萌觉得妈妈说得很有道理，但她还是觉得很郁闷。她说："我可不想让我的体重成为班级女生里的第一名啊，我想要保持苗条的身材。"妈妈说："你的身材现在就很标准呀，你不要只看体重，还要看身高。因为体重系数的计算与身高有关系。你的脂肪、内脏也在迅速地生长，所以，在短时间内迅速增重，是青春期正常的表现。"萌萌说："青春期可真神奇啊，我在青春期的变化简直太大了！"

第02章 在长大别害怕：了解正在悄悄变化的自己

对于每个孩子而言，从童年走到成年，都要经过青春期这个过渡阶段。在青春期的短暂时间里，青少年的身心都处于飞速发展的状态，也产生了很多非常明显的变化。青少年的身体发育状况有很多指标，其中体重的增长就是一个重要的指标。体重的增长不仅是脂肪增加，还包括肌肉、骨骼和内脏器官的生长。所以，青少年的体重的增长是全方面的。通常情况下，青春期之前的孩子，每年的体重增长在五公斤以内。到了青春期，每年的体重增长甚至能达到八公斤左右。因而青春期的孩子需要非常充足的营养摄入，以支撑身体的快速发展需要。青春期的女孩不但乳房在发育，骨盆也变得更宽，臀部变得更加丰满，身材变得越来越圆润。尤其是女孩的卵巢也在不断成长，重量增加，卵巢不但可以产生卵子，也可以分泌足够的雌性激素。在雌性激素的作用下，卵巢有规律地排卵，因而女孩迎来初潮。

有些青春期女孩盲目地追求苗条的身材，却不知道在青春期极端地减肥对身体的伤害是非常大的。女性的身体需要更多的脂肪，体脂含量应该达到百分之二十八左右。相比起男性脂肪含量只占体重的百分之十五，女性的脂肪含量比例明显高了很多。青春期女孩发现自己的身高体重都在快速增长的时候，可以利用计算体重的公式来衡量自己的身体是否健康。其实，不管是体重是轻还是重，只要能够帮助女孩保持健康就非常好。通常情况下，女孩一定不要盲目减肥，否则就会让身体处于紊乱的状态。

爸妈有话说：

在这个以瘦为美的年代里，爸爸妈妈并不希望你变得干瘦干瘦的，我们都希望你能够茁壮成长，长得很匀称，不但拥有高挑的身材，也拥有适当的体重，这样才能保证身体摄入充足的营养，才能让你保持健康、越来越美丽。

我的身高怎么没有变化了

自从上初一之后，小雪发现自己的身高一直在飞速增长。在整个初一年级阶段，她长了整整八公分。在初二的时候，小雪长了四公分。到了初三之后，小雪再测量，却发现身高和初二相比并没有明显的变化。小雪对于自己的身高并不满意，因为现在她才一米五八的身高，她希望自己可以长到一米六四，这样一来身材可以变得更加高挑匀称，而且站在人群中不说鹤立鸡群，至少也不会被低头俯视。

在整个初三阶段，小雪每隔一个月就会测量自己的身高，却丝毫没有增长，始终保持在一米五八。小雪很郁闷，经过一番思考，她意识到，妈妈的身高就是一米五六，自己一定是遗传了妈妈的身高。小雪非常伤心，她多么希望自己能够再长几年，成为高挑的女孩啊！

看到小雪郁郁寡欢的样子，妈妈忍不住带她去医院检查骨骼的情况。医生经过一番检查之后发现，小雪的骨骺线并没有闭合，这就意味着小雪还有长高的空间。为此，妈妈要求小雪每天都要喝一定量的牛奶，原本小雪很不喜欢喝牛奶，但是想到这样可以让自己变高，小雪就鼓起了勇气坚持每天都喝牛奶。一年之后，小雪再测量身高，发现自己又长高了两厘米。虽然增长两厘米远远没有到达小雪预期的目标，但是，对于小雪来说，能多长两厘米总比不长更好。她决定继续喝牛奶，继续努力，促使自己长高。

第02章 在长大别害怕：了解正在悄悄变化的自己

青春期的女孩不但体重增加，身高也会持续增长。如果想长得更高，成为高挑匀称的女孩，就一定要把握好人生之中长高的两个关键时期。第一个长高的关键时期在出生之后到十周岁之前，在这个阶段，孩子要摄入充足的营养，也要多多晒太阳、补钙，这样才能够不断长高。在十岁之后，孩子会有一段身高增长缓慢的时期。到青春期之后，女孩才会再次发生快速长高的情况。相比起男孩，女孩青春期维持的时间比较短，一般情况下，女孩青春期急速成长的时间在四年左右。在此期间，女孩的身体机能不断健全，身体的外形变得更加圆润，其生殖器官也在不断地成长，越来越成熟。在青春期，女孩一定不要盲目地减肥，为了保证身体健康成长，女孩要摄入均衡的营养，这样才能促进骨骼发育。

从生理学的角度来说，人是否长高取决于骨骼，而骨骼能否持续增长，取决于软骨。在成长过程中，女孩要靠身体分泌出足够的增长素，才能促进生长。此外，还要摄入足够的营养来支持软骨的不断生长。只有做到这两个方面，女孩才能长高。在青春期，进行适度的体育运动和锻炼，也有助于女孩长高。有科学家经过研究发现，人体在晚上十点之后会分泌出大量的生长激素，这对于女孩长高会起到很重要的作用。因此，青春期的女孩除了要摄入充足的营养之外，还应该保证充足的睡眠，尤其要注意早睡早起，否则，一旦错过了生长激素大量分泌的时间，就无法在睡眠的状态中不断长高。

爸妈有话说：

孩子，你的身高不但取决于生长因子和营养摄入，还取决于是否有充足的睡眠，最重要的则取决于爸爸妈妈的遗传因素。不过，即便爸妈的身高很矮，你也不必为自己的身高感到烦恼，因为身高并不是评价一个人唯一的标准。当然，你可以坚持进行体育锻炼，多喝牛奶，摄入充足的钙，并经常在阳光下进行体育运动，这对于改善你的身高状况还是很有好处的。任何时候，我们都不要放弃努力，一定要抓住青春期这一关键时期，让自己长得更高。

第03章
有修养懂礼貌：女孩儿好举止，彰显好教养

每个女孩都是优雅高贵的公主，但是，想要拥有高贵的外表，就要有优雅的举止。作为女孩，你一定要懂得礼仪，这样，你出现在人群中的时候，你才能受到他人的欢迎，才能得到他人的认可和赞赏。

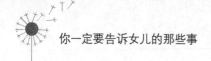

以美好的形象示人就是尊重

青春期的女孩就像含苞待放的花骨朵,人世间,女孩是美好的代表,也是最美丽的存在。女孩一定要努力提升自我,变得更加高贵优雅,懂礼貌,保持良好的形象。否则,哪怕女孩有美丽的容颜,如果形象恶劣、言语粗俗,也是无法给别人留下好印象的。

有人喜欢素面朝天,有人喜欢浓妆艳抹,每个人到底以怎样的形象示人,很大程度上取决于自己。然而,一旦走入社会,女孩便不能再任性,因为形象不但关乎到自己的心情,也关于到与他人的交往。在成人的世界,是否化妆不仅关乎自己的喜好,而且关乎在人际交往的时候呈现出来怎样的形象,关系到人际交往。因此,女孩应该以学业为重,无须浓妆艳抹,但是淡妆是必要的。在学习阶段,女孩可以不化妆,但是一定要干净整洁。女孩儿可以不用穿高贵的时装,但是一定要穿最适合自己的服装。在青春期,女孩正处于花季的年龄,她们美丽纯洁,风华正茂,应该尽情地展示美丽,将最佳的形象展现在他人的面前。

时代的发展,使得时尚的潮流之风也充斥在校园里,女孩再也不像之前那样心无旁骛地学习,她们对于美有了更深刻的认识。当然,每个女孩对美的理解是不同的,有的女孩不但拥有倾城倾国之貌,而且积极向上,这才是真正的美丽。美是由内而外散发出来的独特气质,一个女

第03章 有修养懂礼貌：女孩儿好举止，彰显好教养

孩可以没有美丽的容貌，但是一定要有美丽的心灵；一个女孩儿可以没有华贵的衣服，但是一定要有最佳的状态。尤其是在面对他人的时候，更要表现出恰当的言行举止，这才是尊重他人的表现。

从心理学的角度来说，拥有怎样的仪表，不但影响女孩给他人的印象，也会影响女孩自己的内心。通常情况下，一个井井有条的女孩，和一个总是邋里邋遢、不懂收拾的女孩，给人的印象是截然不同的。要想真正尊重他人，也尊重自己，就应该展示出最佳的状态。

具体而言，要打造美丽的形象，对他人表示尊重，首先应该保持衣服的整洁和得体。女孩要知道，评价衣服的标准并不在于这件衣服值多少钱，也不在于衣服的质地款式，而在于衣服整体的风格与女孩儿的青春靓丽的气息是否相符合。尤其是整洁，更是最基本的条件。如果女孩穿着很华贵，会给人留下奢华的印象；而如果女孩穿着朴素，但是整洁干净，则会给人留下清爽的印象。

在服饰的衬托下，女孩只要能够不卑不亢、落落大方，就可以从容展示自己的优雅自信。这样一来，女孩当然会给他人留下深刻的印象。实际上，女孩到底是胆怯羞涩还是落落大方，不仅取决于她们天生的性格，也取决于她们在后天成长过程中不断养成的行为习惯。每个女孩都应该充满自信，这样才能最大限度表现出自己的状态。当然，要想给他人留下好印象，女孩还应该保持健康和活力，让人生更加充实精彩。对于青春期女孩而言，她们充满健康和活力，可以给他人留下深刻的印象。当然，对人对事的心态也会对女孩的形象起到一定的影响。为此，女孩一定要更加积极向上，保持天然纯真的心，这样女孩才能够如同涓涓细流流入他人的心中，才能够给他人带来如沐春风的感觉。总而言之，每个女孩都是这个世界上独立的生命个体，都应该有自己的性格特

点和独特魅力。女孩一定要活出精彩的自己，而不必迎合他人，更不要因此而委屈自己。所以，女孩要相信自己是最美丽、最优秀的，这样才能从容地展示自己，才能够以最佳的形象示人，从而表达出对他人的尊重。

爸妈有话说：

记住，你就是你，现在的你就是你最好的样子。要想打造出最佳的形象，不需要委屈自己去迎合他人，而应该活出自己最本真的样子。你要相信你的内心是真善美的，也要努力让自己的形象变得更加完美，这样才能表现出对他人的尊重。

礼貌称呼他人很重要

随着社会的发展，国民素质也在不断提高，为此，文明礼貌交往成为在整个社会范围内提倡的一种交往方式。不得不说，一个粗俗无礼的人和一个彬彬有礼的人，给人的感受是截然不同的。当然，礼貌并非表面表现出来的那种客套，从本质上而言，它是一个人综合能力的外显，也是一个人交际能力的体现。自古以来，中国就是礼仪之邦，人们彼此之间崇尚礼节，讲究文明，因此，如果没有礼貌，女孩就很难在社会上立足，也无法发展良好的人际关系。

语言是思想的外衣，很多青春期女孩误以为所谓的礼貌就是说诸如"谢谢""对不起""请"和"很抱歉"等这样的话，实际上这些语言只是礼貌的外在表现形式，真正的礼貌是由内而外的思想认知。人是群居动物，每个人都要在人群之中生活，与各种各样的人发生关系。假如

第 03 章　有修养懂礼貌：女孩儿好举止，彰显好教养

没有礼貌，人们之间的交往就会变得很僵硬，缺少礼貌的润滑剂，人际关系也不能如愿以偿地发展。

礼貌还是一种非常伟大的力量。女孩也许没有美丽的容颜，没有机敏的思维能力，但是一定要懂得礼貌。在面对陌生人的时候，能够做到礼貌地称呼他人，可以给他人的心灵带去如春风般的抚慰，也将得到他人慷慨的回报。这就是礼貌最伟大的力量。礼貌还是一种风度，是每个人最美丽的容颜。它的作用远远胜过那些浓妆艳抹的作用。如果一个女孩非常美丽，却出口成"脏"，而且在公共场合里总是高声喧哗，丝毫不顾及别人的感受，那么这样的女孩即使脸蛋长得再漂亮，也是不受欢迎的。所以说，女孩可以没有美丽的容颜，但是一定要有礼貌，这样才能够给他人留下温和有礼的印象，才能受到他人的欢迎。

礼貌，还是尊重他人的表现。尊重是人与人之间交往的基础，人们只有彼此尊重，真正地接纳和理解对方，相互之间才能够建立良好的关系。

很久以前，有一个贵族在森林里打猎，因为追赶猎物，他不知不觉间迷了路，走了很长时间也没有走出森林。在森林的边缘处，他遇到了一个猎人。他问猎人："喂，往哪里走才能走出森林？"猎人似乎没有听见他的话，依然低着头走路。贵族继续追问猎人："我想走出森林，朝哪里走啊？"猎人头也不抬，用手指了指前方。贵族以为前方就是森林的出口，为此赶紧朝着前方策马奔腾而去，扬起的尘土呛得猎人连声咳嗽。贵族走了很久，却没有找到森林的出口，眼看着天色越来越晚，他只好折返回来寻找猎人。这一次看到猎人，他远远地就下了马，毕恭毕敬地问："您好，请问，我应该怎么走才能走出森林呢？天色已经晚了，我很需要您的帮助，很抱歉给您添麻烦。"听到贵族的话，猎人抬起头，对贵族说："你今天晚上可以和我睡，我在森林里有一间小茅草

屋。"就这样，在猎人的邀请下，贵族有了歇息之地。期间，贵族表现得非常有礼貌，猎人还把自己打到的野兔烧给贵族吃。次日清晨，贵族按照猎人所指的道路离开了森林。

问路的时候，猎人之所以不愿意告诉贵族出口在哪里，是因为贵族非常没有礼貌。在反思之后，贵族变得彬彬有礼，猎人不但邀请贵族去自己的茅草屋里过夜，还把自己打到的野兔烧给贵族吃。由此可见，礼貌的确是一种伟大的力量，它能够彰显自身的气度，也能够改变别人对待我们的态度。

在日常生活中，女孩要养成使用礼貌用语的习惯，虽然"谢谢""对不起""请"等这些都是最简单和常用的礼貌用语，但是，只要在恰当的场合、合适的时机里使用，就会产生非常好的效果，也有助于女孩建立和维护良好的人际关系。有礼貌不是虚伪的客套，而须发自真情实意，这样才能够传达给别人真情的感受。唯有懂得礼貌，一个人才能够给他人留下良好的印象，才能够表现出自身极高的素质和涵养。

爸妈有话说：

女儿，你可以没有美丽的容颜，也可以没有华贵的衣服，还可以没有美丽的妆容，但是一定要有礼貌的言行举止。当你成为一个彬彬有礼的女孩时，你必然会给他人留下良好的印象，也会成功地打造优雅高贵的形象。这样一来，你才能够最大限度提升自身的素质和水平，成为人际交往之中的佼佼者。

保持正确的姿态才能给人留下好印象

在成长的过程中,孩子掌握了此前不曾掌握的生活技能,但是,随着不断地进步,他们也会在某些方面出现退步和滞后的行为。对于父母来说,当孩子在学习方面表现出独特的天赋、取得优异的成绩时,他们一定是值得赞许的。除了学习之外,父母还应该更加关注对孩子的教养。有人说孩子是父母的镜子,这是因为父母的言行举止会给孩子造成深刻的影响,孩子也会在潜移默化之中不知不觉地向父母学习。由此可见,教养不但关乎孩子自身的素质,也表现出父母在家庭教育中的力量。作为父母,我们与其夸赞孩子聪明、有智慧,还不如夸赞孩子有极高的教养。当孩子被外人夸赞有教养的时候,一定是父母最骄傲和自豪的时候。

什么是教养?教养是一个人综合能力的表现。有教养的人对自己、对他人的态度和行为都恰到好处,也能够为融洽的人际关系做出积极的推动作用,会在很多方面都有突出的表现。例如,他们为人和善,对人友善,也能够真正尊重和发自内心地平等对待他人;他们可以设身处地为他人着想,在做事情的时候也总是能够把握好合适的分寸;他们彬彬有礼,很注重做事情的细节,也常常把细节做得更加完美;他们的心胸非常开阔,为人真诚友善,坦荡光明。总而言之,有教养的人在生活之中的各个方面都表现得恰到好处。

在西方国家,人们形容有教养的女孩为淑女,形容有教养的男孩为绅士。要想把女孩变成淑女,把男孩变成绅士,并非简单容易的事情,因为教养并不是与生俱来的,而是在后天的成长中逐渐形成的。父母在培养女孩成长的过程中,一定要通过教育和引导提升女孩的整体素质。

在教养方面，言行举止得体是非常重要的，除了要把话说得恰到好处之外，保持正确的姿态对于孩子而言至关重要。如果说教养是一种内在的素质，那么，教养又是如何体现出来的呢？在人际交往的过程中，语言沟通的作用不容忽视，但是语言的表达未必能够完全代表人的教养。实际上，人们在交往过程中的行为举止也会不经意地表现出教养，例如，对于女孩而言，在行为举止方面要做到以下几点，她才能成为一个真正有教养的女孩。

首先，女孩要保持端正的坐姿、站姿。在传统的观念中，一个人必须站有站相、坐有坐相，才能够彰显自身的与众不同。试想，面对一个端正站立的人和面对一个站得歪歪扭扭的人，我们的感觉如何呢？很多人都喜欢军人，就是因为军人有端正的军姿，当过兵的人哪怕已经离开了部队，在站立和坐着的时候也会表现出和普通人不同的姿态。因此，女孩应该站有站相、坐有坐相。有些父母会送女孩去学习舞蹈，其实他们并不是一定要求女孩在舞蹈方面有杰出的成就，而是希望女孩可以通过练习舞蹈来修炼身心、挺拔身姿。

其次，除了基本的坐姿站姿之外，在吃饭的时候，人最容易表现出本相。女孩在吃饭的时候一定要有吃相，不要因为饥饿而狼吞虎咽，不要因为嘴馋而大快朵颐，而应该保持淑女的样子细嚼慢咽地进食，且不可在美食面前失去分寸。这样才是真正的淑女，才是有教养的表现。当然，教养不但体现在以上这些方面，还体现在生活中的各个小细节之中。

前些天，一个三四岁的小女孩在公交车上的表现在网络上疯狂地流传，这个小女孩以实际行动告诉了我们什么叫真正的教养。小女孩上公交车的时候正在吃一支冰淇淋，上了公交车之后，她的冰淇淋还剩很多。为此，她就站在妈妈旁边继续吃冰淇淋。妈妈告诉她："你要小心一点,不要滴到地板上,不要把地板弄脏。"小女孩就主动地跑到垃圾桶面前,而且把冰淇淋完全置于垃圾桶的桶口上方,这样一来,她就不用担心会把冰淇淋滴到地板上了。这样的举动显示出小女孩的教养,它明显地告诉我们,小女孩的家教非常好,小女孩自身的素质也很高。由此可见,所谓的教养,越是体现在生活中的每一个细节处,越是能够彰显一个人的素质。

爸妈有话说:

如果你有高贵优雅的行为举止,那么你就会给别人留下良好的印象,也会得到他人的认可和赞赏。记住,你不应该每时每刻都为了显得有教养而克制自己的本能行为,而是应该把教养作为自身的习惯,顺其自然地做出来,这样的你才是真正有教养的女孩。

有气质的女孩让人过目难忘

每当我们打开电视,都能看到光鲜亮丽的俊男靓女们在电视屏幕上晃来晃去,演绎着各自的角色。每当看到这样的情形,有的女孩未免感到遗憾,甚至抱怨妈妈为何没有给自己生出一张漂亮的脸蛋。出于对美的追求,很多女孩对自己的外表都会感到深深的自卑,因为她们觉得自己远远不如电视上的明星那么漂亮,甚至不如同桌看起来顺眼。实际上,这样的想法是完全没有必要的。在这个世界上,也许有少数人长得总是能够吸引他人的眼球,但是大多数人都是普通人,都相貌平平。所以,作为平凡的存在,我们要活出不平凡的人生,而不要徒劳地为长相感到遗憾。

对于美丽的理解，每个人都有所侧重，有人看重外在的美，有人看重内在的美。而所谓漂亮的皮囊，只是外在美，是最浅显的表现。对于女孩而言，有外在美固然是命运的眷顾，是父母的恩赐，但是，是否真正美丽，还取决于内心。外在美是无法改变的，所以，不管外在如何，女孩都应该坦然接受、心怀感恩。和外在的美相比，女孩可以决定是否拥有内在的美，内在的美关乎人的心灵，关乎人的素质与涵养，只要女孩努力提升自身的素质与涵养，就可以拥有内在美。

常言道，爱美之心人皆有之，女孩追求外表的美丽无可厚非，但是要把握一定的限度。如今，整容之风盛行。很多女孩儿受到社会上不良风气的影响，盲目地想要整容，却不知道最天然的容貌才是最美丽的。女孩要端正自己对于美的态度，与其盲目地追求外在的美，以伤害自己的手段去改变容颜，还不如努力提升自己的素质与涵养，提升气质。细心的女孩会发现，有一些女明星乍一看起来并没有那么惊艳的感觉，但是，随着看的次数越来越多，她们给人的感觉会越来越好。这就是气质。和外在的容貌相比，气质是由内而外焕发出来的，具有历久弥新的特点。随着生命的流逝，外在的美丽容颜终将会改变，而内在的优雅气质则会在岁月的沉淀之下变得更加醇厚。

一个人不管容颜是否美丽，都要努力提升气质，这样才能够与众不同。气质就像是淙淙的流水，触动人的心灵；气质也像是陈年的老酒，散发出浓郁的香气。如果说美丽的外表是一个漂亮的皮囊，那么是气质则是美丽的核心所在。如果一个人只是徒有美丽的外表，而缺乏气质的衬托，那么这种美就无法经得起岁月的冲刷。众所周知，在诸多的明星之中，不老女神赵雅芝是非常美丽的，其实赵雅芝的美不仅在于她有美

第 03 章　有修养懂礼貌：女孩儿好举止，彰显好教养

丽的容颜，也在于她有非常独特的气质。她的柔情似水，她的淡定从容，使她看起来与诸多明星很不相同。

所谓气质，是由内而外散发出来的，与一个人的见识阅历等有密切的关系。气质不是一种可以触摸的物质，它看不见摸不着，是一种独特的、带有光辉的态度，可以通过优雅的仪态表现出来。女孩在培养自身气质的过程中，可以多多读书，充实心灵，也可以四处游览，增加见识，还可以用心体悟生活中点点滴滴的小事情，增长人生的阅历。这样一来，在各方面的努力和提升之下，女孩才会变得越来越优雅从容。

当然，除了从精神层面提升气质之外，还有很多方式可以从各个方面提升女孩的气质，例如，女孩可以长得不漂亮，但是可以进行基础的皮肤护理，让自己原本油腻的皮肤变得干净清爽。女孩在出生的时候可以如同一张白纸一样简单纯粹，但是，随着不断地成长，女孩要增加自己的知识和内涵，这样一来，女孩的心灵才会更加丰富和充实。女孩还可以变得更加自信，自信是一个人最美丽的容颜，一个有自信的人就像长了翅膀一样，总能在人群之中自由地翱翔。当然，正如前文所说，女孩要有礼貌，否则，一个女孩儿就算再漂亮，粗俗的举止也会让她气质全无。女孩还应该拥有一颗博爱的心。每个人都是这个地球上的一个匆匆过客，在短暂的生命中，我们应创造自身的价值，也应该尽量给身边的人带去更多的温暖。女孩要给身边的人带去光和热，这样才能够变得受人欢迎。

爸妈有话说：

孩子，也许妈妈和爸爸没有给你美丽的容颜，但是我们希望你丰富充实自己的心灵，让你的人生变得与众不同。记住，气质是永远无法

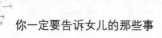

被美丽取代的，它可以让你焕发出独特的光彩。你拥有独属于自己的气质，将是你独特的标识，也是让你区别于他人的不同所在。

要善待和珍爱自己

现代社会，每个人的生存压力都非常大，各种形式的竞争也越来越激烈，所以，成年人不但要照顾家庭，而且要全力以赴地投入工作之中，只有在工作上有独特的成就和杰出的贡献，才能为自己在社会生活之中赢得一席之地，才能证实自己的价值和实力。由此可以想见，父母承担的压力有多么大。而在家庭中，父母除了要为孩子着想之外，还要给予孩子更好的照顾，教会孩子如何理性地面对人生。

压力不仅局限在成人的世界里，对于年幼的孩子而言，他们也承担着很多的压力，面临着很多挑战。例如，他们必须面对紧张的升学考试，要坚持进行枯燥的学习，要和自己不那么喜欢的老师与同学相处，还要奋战在题海之中。哪怕夜已经深了，也依然要挑灯夜战地坚持做完当天的作业。长此以往，孩子的童年时间不断地被压缩，他们似乎从进入幼儿园开始就进入了冲刺的阶段。要想避免这种情况，作为父母，我们不要总是陷入教育焦虑的状态，也不要给孩子过大的压力。要知道，孩子的成长是一个漫长的过程，有其自身的规律和节奏，父母要尊重孩子成长的节奏，也要给予孩子更多的时间自由地享受天性。

青春期之后，女孩的心思明显比男孩更加丰富细腻。当同龄男孩在玩耍的时候，女孩已经有了小目标。这是好事，因为目标可以让女孩明确人生的方向，也可以助力女孩不断地成长。女孩一定要在成长的过程

第 03 章　有修养懂礼貌：女孩儿好举止，彰显好教养

中激发出自身的潜能，这样才能够战胜看似不可解决的困难，从而突破和成就自我。

一切的努力和进步都以生命为基础，当女孩过度承担压力的时候，她们难免会感到心力交瘁，所以，父母要教会女孩爱自己、善待自己，因为，一个人只有真正地接纳自己，对自己更好，才能够更加热爱这个世界。要知道，生命是人生之中最宝贵的东西，只有生命存在，人生才能不断地延续下去，梦想才有机会得以实现。因此，女孩一定要重视生命、珍惜生命，这样才能够在遭遇坎坷挫折的时候始终以积极和热情拥抱人生。

那么，怎样才是善待自己呢？难道要彻底地抛弃学习，遵从本性，让自己快乐地度过每一天吗？其实不然。对于女孩而言，学习是充实生命的一种方式，所以逃避从来不能够帮助女孩获得真正的快乐。对于女孩而言，要想做到善待自己，应该做到以下几点。

首先，女孩要爱惜自己的身体，正如奥斯特洛夫斯基所说，生命对每个人都只有一次机会，每个人最应该珍惜的就是生命。女孩要爱惜自己的身体，毕竟身体健康是不可重建的，有些损害对女孩的一生都会起到负面的影响。其次，女孩应该珍惜家庭。现代社会，很多女孩都陷入攀比之中，当父母无法给她们提供优渥的生活条件和强大的经济支持时，她们总是抱怨父母不够努力，却不知道父母为了养育她们已经付出了最大的努力。女孩要对父母和家庭怀有感恩之心，这样一来女孩才会有家庭观念，才会在父母的呵护和宠爱下更快乐地成长。在成长过程中，每个人都会遇到各种各样的困难。当女孩感到困惑的时候，可以向父母寻求帮助，毕竟父母的心智发育更加成熟，人生经验也更丰富，可以给予女孩一定的指导。再次，女孩一定要学会善待他人。很多女孩心

思刻薄，不愿意与他人进行密切的合作。实际上，现代社会，没有人能够单打独斗，成为个人主义的英雄，每个人都要借助集体的力量，才能够实现自己的梦想，才能够绽放人生。女孩一定要学会与他人团结合作，才能够把自己的力量融入更强大的力量之中。最后，生命是短暂的，但是这并不意味着我们要争分夺秒地把生命用于学习和工作，毕竟人生之中除了学习和工作还有更多有趣的事情。女孩要学会放下，放下内心的焦虑，放下手里看似不可能完成的学业和做不完的习题，从而让自己有适当的时间能够自由地呼吸，能够完全地放松身心。记住，人生的挫折并不是不可战胜的，任何时候，只要始终怀着坚定不移的信念，只要足够相信自己，我们就可以拥有强大的力量，成为真正的人生强者。

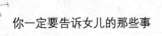有话说：

　　善待自己，就是要按时吃饭，每天保证充足的睡眠，在心情不高兴的时候可以做一些喜欢的事情，诸如画画，听音乐，或者和同学去看一场电影，这些都是有助于放松心灵的。记住，爸爸妈妈不管做什么，都希望你未来能够更加幸福，因而你也要善待和珍惜自己。

要尊重长辈

　　每种文化都有它的优势和劣势，尽管传统文化在很多思想观念方面处于封建保守的状态，但是，传统文化主张的敬老爱幼，则是应该作为中华民族的传统美德继续流传的。很多孩子因为从小就受到长辈的关心呵护，总是肆意享受长辈的照顾，而丝毫没有意识到自己对长辈应该保

第03章 有修养懂礼貌：女孩儿好举止，彰显好教养

持尊重的态度。在长大成人之后，这样的孩子未免会因为对长辈失敬而招致他人的反感，尤其是女孩，更是应该懂得礼貌、尊重长辈，这样才能够给他人留下良好的印象。

在中华民族的传统文化中，长辈这两个字含有丰富的含义，所谓长辈，本身就意味着他们在辈分上很高，理应受到小辈尊重和敬爱。但是，我们也不必盲目地对长辈表示服从。作为晚辈，我们可以表达和长辈不同的意见，不过要以恭敬的态度表达，而不要对长辈颐指气使，更不要对长辈的话完全不放在心上。

细心的人会发现，在现实生活中，一个人如果不懂得尊老爱幼，尤其是不懂得尊敬长辈，那么在做人做事方面都会陷入被动的状态。从源头来讲，他们从来不重视长辈，因而在言行举止上也就不会表现出对长辈的敬畏，这也就是人们日常生活中所说的缺少教养之一。不得不说，缺少教养这四个字是对一个人非常严重的否定，也会导致这个人给他人留下恶劣的印象。

世事如何发展和变迁，对长辈的尊敬都不应该改变，每个人都有人生的来处，如果没有长辈，没有祖辈和父母，我们如何能够来到这个世界上呢？所以，当对生活感到不满意的时候，不要把抱怨发泄到长辈身上，而应该对长辈始终怀有感恩之心，这样我们才能够牢记自己的来处，才能够找到人生的去路。

近年来，很多大城市都开始推崇传统文化，因为人们发现有很多年轻人包括很多孩子都缺乏传统文化的滋养，以致心灵变得干涸，偏离了正确的轨道。尤其是在独生子女的家庭里，很多父母因为只有一个孩子，就把全部的爱都投放到孩子身上，毫无限度地满足孩子的欲望。有些父母本身也是独生子女，这导致爷爷奶奶、姥姥姥爷在看到家里唯一

的一根独苗时,往往忘记了自己身为长辈的身份,总是不计回报地为孙辈服务,却没有意识到,在这样的过程中,孙辈无形中就养成了"唯我独尊"的思想。有些孩子被宠溺得甚至以为自己是整个宇宙的中心,这都是过度迁就和溺爱导致的。在这样的环境中长大的孩子往往以自我为中心,自高自大,他们从来不把别人看在眼里,更不对长辈怀有敬畏之心。实际上,在中国古代,哪怕是高高在上的皇帝,在面对父亲母亲时也毕恭毕敬。传统文化既有精华也有糟粕,我们要做的是取其精华、去其糟粕,对值得传承下来的文化,我们应始终牢记在心。

不尊重长辈的女孩是很难给他人留下良好印象的,也许,她们无意之间表现出对长辈不尊敬的行为,会导致她们的成长和发展受到很大的阻碍。女孩不但要端正思想,尊重长辈,还要把对长辈的敬畏表现在言行举止之中,这样才能够真正地做到对长辈毕恭毕敬,从而成为传统文化的优秀传承者。

爸妈有话说:

女孩一定要对长辈有礼貌,这不但是自身素质和涵养的表现,也不仅关系到礼貌,而且代表女孩的心灵是否美好。人生不仅有去路,更有来处,我们尊重长辈,正是对生命的敬畏和尊重。

及时向别人表示感谢

生活中,一个人即使能力再强,也不可能成为个人主义的英雄,因为每个人总要生活在人群之中。当自身能力不足,不足以解决所面对

第03章 有修养懂礼貌：女孩儿好举止，彰显好教养

的难题时，我们往往需要求助于他人。现代社会的分工和合作越来越密切，每个人都要借助于他人的力量才能增强自身的力量，懂得分工和合作对他们的成长是至关重要的。

现实生活中，有很多女孩是家里的宝贝疙瘩，总是习惯于接受父母和祖辈无微不至的照顾。她们习惯了伸手索取，而从来不懂得付出，甚至误以为自己是整个世界的核心，是整个世界的主宰。这种情况下，很多女孩即使受到了他人的帮助，也觉得理所当然，不得不说，这种不懂得感恩、不会把感谢说出口的行为，只会导致自己在下一次求助于人的时候被拒绝。

女孩要想得到他人的慷慨相助，得到他人的认可，就一定要懂得礼貌，在得到他人的支持之后马上给予他人真诚的感谢。否则，女孩的冷漠和自私必然使她们未来在遇到难题的时候只能孤独地面对。现代社会，有很多人经常怨天尤人，其中也不乏一些女孩，常常对身边的人感到不满，却不知道身边的人为她们付出了多少。要想真诚地感谢他人，就要拥有一颗感恩之心，要懂得身边人的付出，也要珍惜身边人的付出。女孩一定要善于说谢谢，也要真挚地表达感谢。

小雅已经十岁了，她从出生开始就得到全家人无微不至的照顾，从来没有因为吃穿住行发愁过，每天都过着衣来伸手、饭来张口的生活。为了小雅能够在拥挤的地铁里坐着，每天早晨，妈妈都会带一个简易的小板凳，让小雅坐在地铁上。这天，和往常一样，两人上了地铁之后，妈妈找到一个角落，打开板凳，小雅一屁股坐在板凳上，昏昏欲睡。这个时候，旁边一个大妈提醒小雅："姑娘，你长得比妈妈还高，几岁了呢？"小雅看着大妈，不愿意回答，这时候妈妈在一旁回答："她十岁了，读五年级。"原本妈妈以为大妈想夸赞小雅长得高、长得漂亮，却

没想到大妈对小雅说："姑娘，你已经十岁了，怎么就不知道体贴妈妈呢？你很累，难道妈妈就不累吗？妈妈为了你，还得拎着一个板凳，只为了让你在地铁上坐得舒服一些。我想，你可以把板凳让给妈妈坐，或者你至少要对妈妈说一声谢谢吧！"

妈妈没想到大妈会说出这样一番话，有些睖睁地看着小雅，不知道小雅作何反应。不想小雅对大妈说："你这个人可真是多管闲事儿，我妈妈愿意我坐着，这关你什么事儿呢？而且我上学多辛苦呀，我应该坐着多休息一会儿。"听到小雅的回答，以前没有意识到这个问题的妈妈显然有些失望。大妈对小雅说："姑娘，你已经长大了，要懂得心疼妈妈，妈妈带板凳给你坐是心疼你，你就算不把板凳让给妈妈坐，也至少要真诚地对妈妈表示感谢。"在大妈的坚持下，小雅最终极不情愿地对妈妈说："谢谢！"得到女儿的感谢，妈妈心里百感交集，因为这种感谢并非女儿真心诚意说出来的，而是在路人的坚持下她才勉为其难地说出来的。妈妈意识到自己对于小雅的教育也许有很大的问题，因为，一直以来，她只知道对小雅付出，却从未教会孩子懂得感恩。

在这个世界上，在新生儿呱呱坠地之后的那段时间，父母对新生儿是完全无怨无悔、无私付出的。但是，随着孩子渐渐成长，父母与孩子之间的关系也发生了微妙的变化，从孩子完全依赖于父母，到孩子逐渐独立，而至此，父母与孩子之间的交往就应建立在彼此尊重和理解的基础上。尤其是在孩子真正长大成人之后，如果他们不懂得回报父母，父母一定会感到非常遗憾和伤心。然而，父母不知道的是，孩子之所以没有感恩之心，也不懂得给父母一定的回报，就是因为他们始终认为父母对他们的好是理所当然的，他们根本就没有感谢父母的思想。因此，父母一定要从小就提醒孩子拥有感恩之心。也许一句谢谢并不代表什么，但是可以让得

第 03 章　有修养懂礼貌：女孩儿好举止，彰显好教养

到感谢的人对自己的付出无怨无悔，心中也感到非常温暖。

谢谢不是一句冷漠、机械的礼貌用语，更不是一种形式上的礼貌表现，而是一个人发自内心感恩另外一个人的支持、帮助和付出的简单方式。尽管谢谢只有两个字，但是它承载的情谊很深，尤其是在家庭生活中，父母更要教会孩子说谢谢，只有在这样不断重复的熏陶之中，孩子才会拥有对父母的感恩之心，才会在未来与他人进行交往的时候把说谢谢当成理所当然的事情。

爸妈有话说：

这么多年来，你从来没有感谢过妈妈和爸爸，这不是因为我们为你做得太少，而是因为我们为你做得太多，多到让你认为我们的付出是理所当然的。从现在开始，你要学会对爸爸妈妈说谢谢，当你走出家门面对陌生或者熟悉的人时，也要学会对他们说谢谢。谢谢让你与他人之间的关系更加和谐融洽，也让你能够得到他人的认可和真诚的帮助。

要勇敢地承认错误

在这个世界上，每个人都会犯错误，有的人甚至会接二连三犯错，那么，犯了错误之后应该怎么办呢？很多人总想逃避承担错误的责任，于是，他们以谎言来掩饰自己真实的行为和思想，却不知道，一个人一旦撒了一个谎，就要撒更多甚全成百上千个谎言来圆这个谎言。不得不说，当孩子为了逃避责任而撒谎的时候，他们就会陷入一个无底的旋涡，被卷入谎言的噩梦之中。

人非圣贤，孰能无过，每个人犯错误都是正常的。对此，孩子要理解和接纳自己的错误，也要在犯错之后勇敢地承担责任。若我们的错误伤害了别人的自尊，损害了别人的利益，我们就更应该勇敢地站出来承认错误。只有这样，我们才能够得到他人的谅解。尤其是在犯错误之后无法及时弥补时，更要真诚地对他人说一声"对不起"。也许听起来"对不起"只是轻飘飘的三个字，但是实际上对不起对于维护他人的感情有非常好的作用。一句对不起，可以让他人对你的愤怒减轻，也可以让他人愤怒的心情恢复平静，更可以让他人意识到你具有承认错误承担责任的勇气。为此，他们会对你更加宽容。由此可见，在犯错误之后及时地说出对不起，真诚地表达自己的歉意，对于孩子的人际交往是非常重要的。

　　不得不承认的是，不管是对哪个年龄段的人而言，真诚地说出对不起都是很难的事情，这是因为人的本能总是趋利避害的，每个人都想得到他人的赞赏和认可，而不愿意向他人承认错误，更不想承担责任，让自己蒙受损失。所以，在教育孩子的过程中，父母要循序渐进地引导孩子承认错误。当孩子能够坦然面对自己的错误，并真诚地对他人说对不起时，就意味着他们在人际交往中会有更好的表现。

　　一味地强迫孩子说对不起是不可行的，只有让孩子真正意识到他们的错误所在，孩子才会为自己给他人造成的损伤表示歉意。很多父母都觉得孩子小，因而对孩子的错误言行不放在心上，实际上，如果在该纠正孩子的时候没有纠正，导致孩子在错误的道路上越走越远，那么有朝一日孩子就会把自己的错误当成理所当然。作为父母，当意识到孩子的错误之后，我们一定不要轻易妥协和让步，而是应该坚持要求孩子道歉并承担责任，这样孩子才能意识到自己给他人带来的伤害，才能不逃

第 03 章　有修养懂礼貌：女孩儿好举止，彰显好教养

避责任。有些父母在看到孩子哭泣的时候总是马上就对孩子让步，实际上，如果让孩子意识到哭泣能够解决很多的问题，那么孩子就会把哭泣作为杀手锏，总是以哭泣来要挟父母。无疑，这会使父母教育孩子时陷入更加被动的局面。

当然，学会勇于说对不起并不仅针对孩子，为了给孩子做更好的榜样，父母要发挥身教的作用，在自己误解孩子、给孩子带来伤害的情况下，敢于向孩子说对不起。有的时候，即使父母每天都在教育孩子要向他人道歉，也不如父母真正向孩子道歉的教育效果更好。有很多父母因为出于家长权威的思想，即使明知道自己犯了错误或者伤害了孩子，也不愿意向孩子道歉，这样一来就会导致孩子产生错误的认知，使得孩子认为父母有错可以不用道歉。在这样错误的思想认知之下，孩子还如何能够真诚地向他人道歉呢？在真正意识到自己的错误之后，父母一定要放下要面子的思想，反思自己的错误，并积极主动地向孩子道歉，这样才能够为孩子树立榜样。

在引导孩子真诚道歉的过程中，父母一定不要用家长权威压制孩子，否则孩子就会屈服于父母的权威，也会因为常常被权威压制而陷入错误的思想认知之中。若孩子长期处于这样的管教方式下，他们未来也会以这样的方式对待他人。从另一个角度来说，若是让孩子意识到只要说对不起就能够得到谅解、逃避责任，也是不可行的。除了真诚地承认错误之外，孩子还要勇于承担责任。

让孩子认识错误，是让孩子表示歉意的第一步。孩子在认识到错误之后，还应该意识到，如何去改正，才能弥补错误；如何去承担责任，才能挽回对他人的伤害。这才是最重要的。

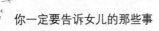**有话说：**

  每个人都会犯错误，当你也犯错误的时候，一定要意识到错误所在，更要积极主动地改正错误，这样才能把对别人的伤害降到最低。否则，如果你逃避责任，不仅会给人留下胆小怯懦的印象，更会伤害到别人，这样一来，你还如何能够得到他人的信任呢？真正勇敢的人是敢于承认错误、敢于承担责任的人，而不是一个在错误面前以各种方式逃避责任的人。

第 04 章

懂自律习惯好：做对事，让你成为自己想成为的人

人之所以能够区别于自然界中的万物，除了因为人具有超常的智力之外，还因为人具有很强的自律性。人是感性的，也是理性的。用理性来控制自己，让自己变成想要成为的样子，就会成为世间最强者。

好习惯在孩子成长过程中能起到非常重要的作用，因为，只要孩子养成好习惯，他们就能够顺其自然，做自己该做的事。反之，如果孩子的习惯不好，他们往往弄巧成拙，也总是会在成长的过程中陷入各种困境。好习惯成就孩子的好人生，父母一定要全力以赴，帮助孩子养成好习惯。尤其是女孩，更应该有的放矢地约束自己，让自己的言行举止更符合行为规范，这样才能更加健康快乐地成长。

爱美的女孩一定要爱干净

每个女孩都应该讲究卫生，只有搞好个人的卫生，让自己变得干净清爽，才能在与人接触的时候给人留下良好的印象。毫无疑问，没有人愿意与一个脏兮兮的女孩相处，所以女孩要以讲究卫生来提升自己的形象。女孩的美丽有很多种，但是不管是哪种魅力，都要建立在干净整洁的基础之上。

很多女孩只喜欢化妆，穿漂亮的衣服，而个人卫生却一塌糊涂，实际上这对于女孩来说完全是本末倒置。因为干净卫生是对女孩日常生活的基本要求，在此基础上，女孩才能选择浓妆艳抹，或者穿时尚靓丽的衣服。反之，如果女孩连干净卫生都做不到，那么，即使把自己打扮得再漂亮，也是毫无意义的。

当个人卫生情况很差的时候，女孩不但形象欠佳，其身体也会因为卫生状况而散发出难闻的体味。这样一来，女孩就会遭到他人的嫌弃，自然无法发展和维护良好的人际关系。由此可见，搞好个人卫生不但和女孩的形象密切相关，而且和女孩发展人际关系有很重要的联系。

古人云，由俭入奢易，由奢入俭难。这句话告诉我们，一个人从浮华的生活进入勤俭简朴的生活是很困难的，同样的道理，若一个人平日里严于律己，那么，当他想要提升对自己的要求的时候，就会变得相对简单。女孩要想打造完美的形象，就一定要具有自我约束力，能够进行理性的自我管理，这样才能够有效约束和管理自己，最终让自己习惯成自然，表现出良好的形象。

没有人会因为女孩的长相是否漂亮而对女孩有特别的看法，这是因为身体发肤受之父母。对于女孩来说，长相完全是天生的，自己无法通过后天的努力去改变。但是，女孩是否干净，则是自己可以做主的。只有干净整洁的女孩，才能给他人留下好印象。反之，如果女孩总是邋里邋遢，就会使人不愿意与之亲近。

从心理学的角度来说，保持个人的干净卫生不但是良好的生活习惯，而且是积极心态的外在表现。通常情况下，喜欢把自己的生活打理得干净整洁的女孩，往往怀有积极主动的心态。即使没有上课铃作为催促，她们也会在清晨的时候早早起床，洗漱干净，并穿着得体，干净清爽。早早起床，女孩才可以在上课之前作好充分的准备，准备好上课的必需用品，并让自己洗漱一新，从而带着崭新的精神面貌去面对老师和同学。

如果一个人对于自己的卫生都不能够保持好，那么他做什么事情才会积极主动呢？女孩一定要对自己的形象非常重视，要以最好的形象示人，这样才能够给他人留下好印象，并建立良好的人际关系。当然，卫生状况还关系到女孩的身体健康。可想而之，如果搞不好个人卫生，女孩的身体就会出现各种各样的问题，健康也会受到损害。很多女孩都在努力地追求美，努力把自己变成美的化身，而真正的美一定要以干净整洁为基础。其实，只要女孩每天都坚持对自己的清洁，就会渐渐地养成良好的习惯。养成讲卫生的好习惯后，很多女孩如果没有完成洗漱，甚至无法入睡。除此之外，还要注意勤换洗衣服，因为身体每天都在进行新陈代谢，所以要及时换洗衣物，让衣物在清洁之后充分地被阳光照晒，以让衣物留有新鲜的阳光味道。

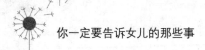有话说：

作为女孩，你一定要爱惜自己的身体，要注意个人卫生。唯有如此，你身上才会散发出清香，你才会让人愿意接受。记住，一个女孩如果连个人卫生都不能搞好，那么她就无法成为美丽的女孩。最美的女孩是爱干净的女孩，也是一个勤于洗漱使自己变得清爽的女孩。

保持健康饮食，摄入均衡营养

社会的发展和经济的进步，使得每个人的生活条件都有了很大的改善。如果说几十年前的生活比较艰苦，很多人都只能简单朴素地饮食，那么，在现代社会物质极大丰富的情况下，尤其是遍地的洋快餐，则是让女孩们在饮食方面受到了莫大的诱惑。不得不说，洋快餐的口味很符合女孩对于食物口味的追求。有些女孩不但喜欢吃洋快餐，还喜欢吃烧烤、辛辣的食物，或者是吃路边小吃摊上的臭豆腐等。食物都是入口的东西，对于女孩的身体健康会起到很大的影响，而女孩正处在身体发育的关键时期，必须摄入有益健康、营养均衡的食物，才能茁壮成长。因此女孩不要总是贪图口味的一时之快而钟爱垃圾食品，否则就会让身体在不知不觉中受到损害。

在各种垃圾食品之中，油炸食品占据首位。正是因为油炸食品吃起来非常香。然而，油炸食品的油脂含量很高，又因为炸食品用的油总是被反复利用，所以导致油炸食品的含铅量也非常高，且会有各种污染和杂质。当铅的摄入量过高的时候，孩子的记忆力会受到影响，他们在学

第04章　懂自律习惯好：做对事，让你成为自己想成为的人

习过程中也会出现记忆衰退的情况。在诸多油炸食品中，油条也是传统早餐的代表，受到很多人的钟爱。殊不知，油条中含有明矾，它会使孩子的心情变得莫名其妙地烦躁，损害孩子的心脑血管系统。除了传统的油条、油饼、麻团之外，诸如薯条、薯片等食物也属于油炸食品的范畴之内。此外，科学研究证明，长期食用油炸食品还会导致身体容易患上癌症。不得不说，油炸食品的害处很多，除了能够让人大快朵颐、满足一时的口腹之欲之外，几乎没有多少营养。因为油炸的时候油温过高，会导致食物发生变质，诱发癌症。所以，女孩在饮食方面应该以清淡温和为主，而不要迷恋油炸食品。当觉得油炸食品色香味俱全的时候，不妨想一想它对身体的伤害，这样就可以有效控制自己的食欲。

说起洋快餐，还不得不说起雪碧和可乐这两种畅销全球的饮料。雪碧和可乐都是碳酸饮料，长期饮用这种饮料会使女孩体内的钙含量降低，导致女孩缺钙。曾经有人经过实验证明，这些饮料对牙齿的腐蚀作用非常强。此外，这些碳酸饮料的含糖量很高，经常饮用碳酸饮料不但会导致女孩的体重快速增重，而且会使女孩因为摄入太多的糖分而迅速发胖。所以，女孩在日常生活中应该以喝白开水为主，因为白开水才是身体最好的饮料，可以帮助身体排毒和补充水分。偶尔喝一下碳酸饮料是无可厚非的，在值得庆祝的场合，或者是在难得休闲放松的时光，喝一杯碳酸饮料，可以让女孩感受到新鲜和惬意。但是，在日常生活中，一定要不要用碳酸饮料取代白开水去饮用。

除了洋快餐之外，很多食物也会对女孩的身体带来负面的影响，例如，有些女孩特别喜欢吃零食，不但喜欢吃糖果，还喜欢吃各种各样的饼干。的确，在休闲的时候，让自己的嘴巴有所寄托，吃着香喷喷的糖果和饼干，是非常美妙的感觉；但是如果女孩长期食用这些糖果和饼

干，就会导致身体出现紊乱的状况，因为这些糖果饼干之中含香精、色素，营养成分并不均衡，热量却远远超过标准，很容易导致女孩的身体出现危机。如果必须在特定的情况下食用糖果饼干等来为身体补充能量，那么最好吃全麦饼干，因为全麦饼干是低温烘焙的，其营养成分相对健康。当然，不管是什么类型的饼干，都应该控制好量，所谓凡事皆有度，过犹不及，哪怕是全麦饼干，如果吃得太多，也会给女孩的身体造成严重的负担。

在炎热夏日的街头，总是有很多让人食指大动的美食，如羊肉串、铁板烧、油炸串串等。制作过程中，这些食物被撒上大量的调味料，散发出强烈刺激的味道，让女孩在味蕾受到刺激的情况下，对这些食物产生了强烈的食欲。购买这些食物并不需要花费太多的钱，因为它们都由临时出摊的小摊点售卖，因而价格非常低廉。但是，一则这些食物的卫生状况堪忧，它们往往是在开放的空间里制作的，所以空气中的灰尘、病菌等很容易沾染到食物上；二则这些食物是经过高温烧烤或油炸制作的，所以这些食物之中含有很多的致癌物，会导致肝脏负担沉重。女孩哪怕喜欢吃这些食物，也要控制好自己，要以身体健康为重，而不要只贪图满足口腹之欲。

总而言之，女孩的成长需要摄入全面均衡的营养物质，如蛋白质、脂肪、维生素、碳水化合物、无机盐、微量元素、膳食纤维等。女孩应该注重饮食健康，在进食的时候尽量摄入更多的营养素，而不要总是挑食，让自己的身体中缺乏某些营养素。尤其需要注意的是，人人都说女孩是水做的，女孩在日常生活中，一定要多多饮用白开水，同时摄入充足的水果和蔬菜，这样才能保持身体健康运行。想吃肉的时候，应该以那些新鲜健康的肉类为主，最好以蒸煮的方式制作。

当然，女孩正处于学习和成长的关键时期。在摄入营养的时候，要多多摄入那些能够护脑的益智类食物，如核桃、花生、腰果等坚果类食物，还应该多吃蔬菜，诸如韭菜、胡萝卜、南瓜等富含营养元素的食物。胡萝卜中的胡萝卜素对女孩的眼部发育有很大的好处，能够有效保护女孩的视力。总而言之，女孩一定要摄入健康新鲜的食物，对自己的身体负责任。

爸妈有话说：

人生是漫长的，你有很多机会去品尝各种各样的美食，当然，前提是你必须从现在开始就努力摄入那些健康新鲜的食材，这样才能够给身体最好的保护，才能够为身体提供足够的营养元素。身体是革命的本钱，只有拥有健康的身体，你未来才能在更大的世界里走走看看，品尝美食。

保证充足的睡眠时间

身体要想健康，除了摄入充足的营养素之外，还要得到充分的休息。睡眠对人的影响是非常大的，如果没有充足的睡眠，学习生活中就会感到昏头涨脑，精神不振。只有在得到充分休息的情况下，人才能保持神清气爽。通常情况下，青少年每天至少要保证八个小时的睡眠，这样才能够在次日的学习过程中有充沛的精力。然而，现代社会中，很多父母给予孩子太大的压力，严重地透支了孩子的时间和精力。他们总是把孩子的日程安排得满满当当，导致孩子几乎每天都得不到充足的休息，童年的时光也被极度压缩。又因为学习的强度很大，学习的任务非常繁重,所以孩子在短暂时间的睡眠之后总是感到非常疲惫。不得不说,父母要想让孩子在学习上出类拔萃,将来能够成才,先不要本末倒置地给孩子报太多的课外班,而应该首先保证孩子的睡眠,这样孩子才能有充沛的精力面对生活和学习。

除了父母给予的压力之外,女孩在成长的过程中也会被其他事物耗费精力。例如,现代社会手机已经普及,网络成为大多数家庭的标配,所以女孩儿常常会情不自禁地沉迷于网络的世界,或者在网上浏览新闻,或者是在网上与朋友交流,总而言之,在不知不觉之间,她们就把时间白白浪费掉了。其实,与其花费时间刷朋友圈,或与陌生的网友交谈,还不如把这些时间用来充分休息。这样,女孩在学习的时候才会有更好的状态。

近年来,时常发生青少年沉迷于网吧中玩网络游戏,结果几天几夜都不睡觉,导致突然猝死的事件。不得不说,看到这样的新闻总是使人感到心情沉痛,但是,在沉痛的同时,我们也不由得想到这些青少年的父母监管不力的问题。吃喝拉撒睡在人的一生之中是基本的生理需求。在现代社会的紧张压力之下,每个人更要保证充足的睡眠。曾经有科学家经过研究证实,人如果连续几天不睡觉,死亡的概率就会大大增加,甚至直接猝死。由此可见,睡眠对于人是至关重要的。大多数人在一生的时间里,至少有三分之一的时间在睡眠中度过,这也意味着睡眠是我们生活的重中之重,是必须安排好的。只有拥有充足的睡眠,孩子才能健康地成长,也只有拥有高质量的睡眠,孩子才有充沛的精力面对生活和学习。

睡眠不足不但会导致孩子的智力发育受到影响,而且会使孩子的身体出现相应的变化。例如,如果睡眠不足,孩子的呼吸系统会受到损

第04章 懂自律习惯好：做对事，让你成为自己想成为的人

伤，消化系统功能也会大大减弱。尤其是对于女孩而言，在青春期，身心均会快速成长、发展变化，缺乏睡眠还会使她们的内分泌系统和生殖系统的功能发生紊乱。因此青春期女孩一定要更加重视睡眠。睡眠充足还有利于女孩保持良好的情绪面对生活中的各种事情，所以女孩千万不要当夜猫子。尤其是很多女孩非常爱美，睡眠不足还对女孩的皮肤不利。长期睡眠不足，还会导致女孩神经衰弱，身体各方面的功能变得紊乱。

很多女孩自以为年轻，精力充沛，宁愿节省一些睡眠的时间用来玩耍。殊不知，睡眠不足不但和精神有关系，还与亚健康状态关系密切。在睡眠的时候，人体在进行深度的调整，并借此消除疲惫，恢复精力。如果缺乏睡眠，身体就会出现异常，如长期出汗，精神也会变得暴躁不安。缺乏睡眠还会使人出现幻觉，导致人的精神状态非常糟糕。有些女孩误以为在夜生活之中可以完全摒弃睡眠，等到有时间的时候再多睡一睡，这样就能把睡眠补回来。其实不然。睡得太多，对女孩同样是非常糟糕的事情。偶尔多睡一些时间，并不能弥补睡眠的缺失，反而会扰乱女孩的生物钟。所以，只有保持规律的作息，让自己始终维持充足的睡眠，女孩才能健康快乐地成长。

缺觉会让人感到很难受，但是，当睡得太多的时候，同样对人体不利。首先，早上赖床不愿意起，直到太阳照屁股才起床，则非但没有弥补之前睡眠的缺失，反而会导致人体的生物钟紊乱，使得晚上入睡变得很困难，进入失眠状态。其次，睡懒觉还会影响神经系统正常的运转和工作。很多人在睡了懒觉之后，起床时会感觉昏昏沉沉，完全不能振作精神，更不能集中精力做事情。由于睡懒觉，有的女孩还会养成不吃早餐的坏习惯，每天只等到日上三竿才开始吃饭。若胃部长期处于空动的状态，会发生饥饿性胃痛，导致患上严重的胃溃疡和胃病。最后，过度

睡眠还会使身体缺乏运动，变得肥胖。总而言之，只有良好的有规律的作息，才是对女孩的身体更好的，所以女孩应该增强自制力，让自己按时起床，按时睡觉，养成早睡早起的好习惯；也可以在清晨最清醒的时候及时起床，恢复良好的精力，进行适度运动，这才是有益身体的。

爸妈有话说：

孩子，你现在很喜欢熬夜，但是你早晚有一天会受到这个坏习惯的困扰，也会因此而承受这个坏习惯带来的痛苦。每个人都需要充足的睡眠，这不分年轻人还是中年人、老年人。越是年轻人，越是应该保证睡眠，这样才能让身体健康成长，所以不要以任何借口剥夺自己享受充足睡眠的权利。要记住，拥有良好的睡眠，是你这一生最大的福气。

勤于动手，把分内之事做好

现代社会，大多数孩子都是家里的独生子女，他们得到了父母全心全意的爱和无微不至的照顾，又因为他们的父母也很有可能是独生子女，所以他们还额外得到了爷爷奶奶、姥姥姥爷全心全意的爱。在这种情况下，他们很容易形成以自我为中心的思想，误以为自己是整个世界的中心，恨不得让每个人都围绕着他们转。渐渐地，他们习惯了衣来伸手、饭来张口的生活，很少主动去分担家务事，总是等着父母处理好一切，为他们安排好一切。不得不说，这样的女孩没有基本的自理能力，有朝一日，等到她们必须离开父母去独立生活，她们就会因为缺乏自理能力而感到苦恼。

第04章 懂自律习惯好：做对事，让你成为自己想成为的人

前些年曾经发生过大学生因为不会铺床而不得不坐在硬铺板上度过一夜的事情，也有的大学生因为从没有见过带壳的鸡蛋，只能看着鸡蛋却吃不到嘴里去。在反思这些大学生眼高手低、动手能力低下的同时，我们也应该反思他们的父母在教育孩子方面存在的严重问题。如果父母在孩子小时候总是无微不至地照顾孩子，而当孩子能力渐渐增长后，父母还是代替孩子做好一切事情，那么，就相当于剥夺了孩子成长的机会和权利。明智的父母不会全盘代替孩子去做所有的事情，而是会随着孩子能力的增长给孩子安排与之能力相符的任务，让孩子独立去完成。只有这样，才能循序渐进地进行引导，让孩子独立生存的能力越来越强。父母要记住，哪怕父母再爱孩子，也不可能永远陪在孩子身边，庇护孩子一辈子。只有父母在恰当的时间里发展孩子独立生存的能力，孩子未来才可能更从容地面对生活。

对于女孩，很多父母总是过度关注和照顾，他们认为女孩是非常娇弱的。实际上，每个人既然来到这个世界上，就有能力独自面对生活，应该承担起生活的责任。即使是女孩，也要勇敢地在生活中乘风破浪。因此，父母就一定要更加理性地面对和培养女孩，要及时对女孩放手。

很多父母总是觉得孩子还小，什么事情都做不好，生怕孩子给自己添了麻烦，还需要自己给孩子收拾残局，所以不愿意让孩子亲自去做一些力所能及的小事情。殊不知，没有人生而就具有各方面的能力，每个人的能力都是在不断成长的过程中才得以增强的。作为父母，我们一定要尊重孩子的能力发展，也要给予孩子机会去增强能力。也许孩子在第一次做某件事情的时候会做得很糟糕，无法让父母满意，但是父母要知道这是孩子成长必然的过程，哪怕跟在孩子后面收拾残局，父母也要让孩子亲手去做那些事情。只有经过不断的锻炼，孩子的能力才会越来越

强，孩子才会渐渐地具备独立生存的能力。

以前，有一对父母非常溺爱孩子，他们从来不让孩子做任何事情，甚至，在孩子长到很大的时候，他们依旧喂孩子吃饭。有一次，父母要去远方走亲戚，要离开家十几天的时间，因为担心孩子不能自理，他们就提前做好一张巨大的饼，在中间掏了一个洞，将其挂在孩子的脖子上。父母认为孩子不用动也能够把饼吃到嘴里，他们还在孩子的床边准备了很多水，这样，孩子吃完饼之后，如果觉得口渴，就可以喝水解渴。然而，等到父母火急火燎从外地赶回家的时候，发现孩子早已饿死在床上。原来，孩子只吃了嘴边上的饼，却懒得把饼转动一下，居然在脖子上挂着一个大饼的情况下被活活饿死了。

这虽然是一个虚拟的故事，却为普天之下的父母敲响了警钟：不要总是为孩子代劳一切事情，否则孩子就会变成一个没有任何能力的废物。相信每个父母都希望孩子将来能够拥有幸福的生活，既然如此，父母就不要总是代替孩子做所有事情，也不要把孩子变成无能者。父母一定要学会引导和教育孩子独立生活，这样孩子才能健康快乐地成长。

在孩子小的时候，父母不妨更加"懒惰"一些，因为，若父母太勤快，为孩子做好一切的事情，孩子就不愿意亲自动手去做很多事情。而若父母表现出"懒惰"，孩子就不得不自己去做很多事情。在战胜困难的过程中，他们的意志力也会得以强化，能力也会得以增强。

爸妈有话说：

作为女孩，你不能弱不禁风，你要知道，随着不断地成长，你总要面对生命中很多的事情，也会遭遇生命的坎坷和磨难。等到父母老去，谁还能在你身边保护你呢？所以，你只有依靠自己，在这个世界上，你真正能够依靠的只有你自己。现在你还小,可以先做一些力所能及的事情,只有不断锻炼和发展能力,你才会越来越独立。记住,终有一天,你也会像妈妈一样需要照顾你的孩子,当一个全能的妈妈,才能够给你的孩子健康的成长和幸福的未来。

远离电子产品,与书香为伴

随着经济的发展、社会生活水平的提高,电子产品走入了千家万户,如今,几乎每个家庭里都有电视、电脑,而且已经连上了网络。还有很多家庭会给孩子配备手机,以方便联系。不得不说,孩子的生活在电子产品的普及中呈现出沦陷的状态。这并不完全怪孩子,因为很多父母都变成了"低头族"。那么,可想而知,当父母总是低头看着手机,而忽略孩子的时候,孩子能与谁交流呢?在这种情况下,他们必然更多地依赖于电子产品,不知不觉地沉浸在电子产品之中无法自拔。

时间是非常珍贵的,对于每个人而言,时间都不曾多一分或者少一秒,所以时间是这个世界上最公平的东西,它对每个人都一视同仁。时间也是非常残酷的,不管人们怎样对待它,它总是嘀嘀嗒嗒地悄然溜走。与其等到生命的终结时刻才后悔这一生虚度,不如在年轻的时候就抓住时间,争分夺秒地利用时间,提高时间的效率,这样才能够拓宽生命的宽度,让生命变得更加充实而有意义。

鲁迅先生曾经说过,浪费别人的时间等于谋财害命。这是因为时间是组成生命的材料之一。时间就是生命,是每个人最宝贵的财富。很多人总觉得时间不够用,实际上时间就像海绵里的水,挤挤总还是有的。

有些人对于那些点点滴滴的时间丝毫不放在心上，觉得这些时间不值得去珍惜。实际上，在漫长的人生中，如果能把这些琐碎的时间都集中起来加以利用，所产生的效果必然是惊人的。

心理学上有一个一万小时定律，是说一个人如果在做某件事情的时候能够坚持珍惜时间，那么他就可以在长期的坚持之后获得丰厚的收获。现代社会，女孩应该减少看电视看电脑的时间，也不要总是惦记着玩手机，而要培养阅读的好习惯。与其把时间用来玩那些毫无意义的电子产品，还不如用来充实自己的心灵。通过阅读，与更多的伟人哲人进行心灵的沟通与交流，女孩的思想将会变得更加深邃，视野会变得更开阔。古人云，读万卷书，行万里路。虽然每个女孩儿未必都有机会行万里路，但是，女孩只要主动阅读，完全可以把书作为自己最好的朋友，也可以通过书本来博古通今。只要坚持阅读，女孩就会形成独特的读书人气质，内心也会更加充实。

毋庸置疑，对于女孩而言，电子产品具有更大的诱惑力，因为电子产品上有鲜艳的图片，有变化的动画，还有动听的音乐，以及很多可以让女孩如同身临其境的场景。和这些电子产品相比，书籍的吸引力小很多。在电子产品的刺激下，女孩会沉迷其中无法自拔，其实，当女孩约束自己远离电子产品的时候，就会发现电子产品并非生活中不可或缺的。

生命是短暂的，对于每个人只有一次机会，我们一定要让生命充满意义。有一位伟大的教育专家说过，对于学生而言，只有热爱阅读，他们的智力才能得到更好地发展。也有心理学家经过研究发现，当孩子沉迷于电视情节的时候，会完全忘记身边的人和事情，而且他的脑电波处于接近直线的水平，这意味着电视情节虽然容易使人沉迷其中，却不会对孩子的智力开发起到积极的作用。此外，如今的电视节目良莠不齐，尤其在网络上更是有很多关于黄赌毒的负面信息。一旦监察不力，女孩受到这些负面信息的影响，就会误入歧途。作为父母，我们要为女孩营造良好的生活环境，也要给女孩做好榜样，营造充满书香气息的家庭氛围。与其全家人都坐在面电视面前全神贯注，不如每人捧着一本书，在书籍的海洋里徜徉。

在世界各国，有很多流传已久的经典，这些经典在经过几十年甚至几百年的时间沉淀之后，依然有让人手不释卷的魅力。女孩可以循序渐进地阅读这些经典，根据自己的知识水平选择符合需求的书籍去阅读，只要坚持下去，一定会有所收获。

爸妈有话说：

孩子，书籍是人类精神的食粮，也是人类最好的朋友。书籍可以让你足不出户就日行万里，也可以让你坐在家里就能领略世界各地的风土人情。尤其是那些大家名作，更是可以让你在阅读的过程中与他们进行心灵的交流。当你爱上阅读，当你领略到阅读的魅力后，你一定会真正地爱上阅读。当你习惯与书相伴时，你的人生一定会变得与众不同。

女孩要学会消费

现代社会，一个人如果没有钱，几乎寸步难行，尤其是在文明程度高的地方，没有人能够做到完全自给自足，人们必须通过自身的努力来赚取金钱，再以金钱换取满足自己所需的商品。住在大城市之中，你想喝水也需要花钱去购买，想吃一些新鲜的蔬菜水果更需要花钱去购买。

当然，如果你想进行更高档的消费和享受，没有钱更是万万不能的。所以说，在现代的人类社会生存，金钱是必不可少之物，是我们用来进行交换各种物质的必需媒介。那么，如何获取金钱，怎样对待金钱，以及怎样进行合理的消费呢？对于女孩来说，只有正确地认知金钱，能够做到合理地消费，才能够真正地主宰金钱。

现代社会，在不良风气的影响下，很多女孩对于金钱都有着不切实际的渴望和狂热的追求。实际上，虽然这个社会没有钱是万万不能的，但是有了钱也绝对不是万能的。钱可以买来床，却买不来睡眠；钱可以买来婚姻，却买不来爱情；钱可以买来药品，却买不来健康；钱可以买来房子，却买不来家；钱可以买来朋友，却买不来真正的情谊；钱可以买来陪伴，却不可能买来真挚的相守……总而言之，钱能够做到很多事情，也不能做到很多事情。女孩要更加深刻地认识金钱，既要知道金钱的重要性，也要知道金钱的局限性，千万不能为了金钱而盲目地改变自我、迷失本心。作为父母，我们在教育女孩的过程中也要多多引导女孩，从而帮助女孩形成正确的金钱观。

在很多奢侈消费的影响下，女孩对于金钱的需求也越来越大，虽然女孩还没有正式进入社会，但是社会风气已经渗透到校园之中。例如，很多女孩为了追求名牌而不断向父母索要金钱，只为穿着浑身的名牌与同学攀比。不得不说，对于学龄的孩子来说，优秀的品质和优异的成绩就是他们最好的装扮，而所谓的名牌只是徒有其表而已，不值得女孩去追求。

父母可以给女孩一定的金钱让其支配，毕竟只有在支配金钱的过程中，女孩才能形成合理的消费观念。如果父母总是为女孩准备好一切，则女孩对于金钱就会毫无概念，未来甚至会对金钱没有计划，导致财务情况变得非常混乱。

要想形成正确的消费观念，女孩就要做到以下几点。首先，不要盲目迷信广告的效果，也不要对那些名牌产品怦然心动。广告总是有夸大其词的成分在里面，女孩要根据自身的需求决定是否购买某款产品，而不要总是一味地迷信广告。其次，在集体生活中，女孩不要盲目地与人攀比，更不要总是想通过炫富来提升自己在他人心目中的地位，真正的感情从来不受到金钱的影响，因比，女孩不要总是追求奢侈的消费。要知道，只有适合自己的衣服才是最好的。现代社会，有很多女孩总是追求时装，甚至会要求与世界潮流同步，不得不说，这样的消费对于女孩而言的确是太超前了。等到女孩儿真正长大，有了独立的经济能力，或者她的身份和社会地位需要她作为时尚前沿的代表，她当然可以穿最时尚的衣服，这是无可厚非的。但是，在青春期阶段，女孩要摆正心态，以学习为重，而不要总是盲目地追求奢侈。

当前，读高中、大学阶段的女孩往往需要住校，这决定了她们必须向父母索要金钱来安排生活。如果没有合理的规划，女孩的经济状况往往会出现入不敷出的现象。如今，那么多的校园贷层出不穷，屡禁不止，就是因为在学生的群体里有很多人希望通过这种借贷的方式来支持高消费。这样的信用贷、校园贷，不但给女孩的生活带来了极大的困扰和伤害，也给女孩的家庭带来了经济的损害。不得不说，如果父母不能提前培养女孩正确的消费观，让女孩深刻地理解金钱，那么未来带来的后果会是非常严重的。

女孩一定要做到合理消费，避免盲目攀比，并且，要追求最高的性价比。有些女孩误以为价钱就代表了产品的质量，虽然价钱与产品质量是呈现正相关，但是，在特别的情况下，也会出现价钱虚高而产品质量很差的情况。在消费的时候，女孩一定要擦亮眼睛，不要为了盲目追求质量而认可高价，而应该真正重视产品的品质，避免随意的高消费，才是理性的消费。

新产品在上市的时候往往采取撇脂定价策略，价格非常高，让很多女孩为了追求时髦而付出很多金钱。实际上，对于女孩来说，如果不是工作需要，不必要穿最新款的衣服，不妨在衣服上市一段时间之后再购买，这样不但可以节省金钱，还可以把节省下来的钱用在更有意义的地方，也可以减轻自己的经济负担。

要想培养女孩合理的消费观念，父母还要引导女孩拥有感恩之心。有些女孩之所以觉得金钱得来很容易，也从来不为金钱操心，往往是因为她们对父母缺乏感恩，从不体谅父母的辛苦。女孩如果知道父母挣来的每一分钱都是辛苦得到的，那么，她们花着父母的钱时，就会精打细算，把每一分钱都花到刀刃上，这样一来，她们自然更容易做到合理消费。

爸妈有话说：

孩子，我们的家庭只是一个普通的工薪家庭，这使爸爸妈妈不可能像那些大富豪一样给你奢侈的消费。但是你很幸运，因为妈妈和爸爸给了你健康的身体，也希望能够给你充实的心灵。你要知道，金钱虽然在生活中是不可缺少的，却从来不是万能的，在生活之中，有更多比金钱更重要的东西值得我们去珍惜和追求。只要内心越来越充实，我们就不会受到金钱的禁锢和奴役。爸爸妈妈希望你能够成为一个财务自由的人，不是要求你必须很有钱，而是希望你能够成为一个凌驾于金钱之上的人生强者。

第05章
开眼界立目标：女孩要走出小天地，使用追梦的权利

古代社会，主张女子无才便是德，这都是封建思想在作祟。现代社会，女孩与男孩拥有平等的地位，在职场上，女性甚至具有很大的不可替代性，大有巾帼不让须眉的势头。作为新时代的女性，女孩一定要突破自身的局限，努力获得更好的发展和成长，这样才能够以独立的姿态傲然屹立于世，才能够创造属于自己的精彩辉煌的人生。

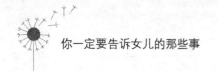

女孩要放眼世界

送女孩礼物的时候，为了让女孩开阔眼界、放眼世界，父母可以送一个地球仪给女孩，并且配上一张世界地图。这样一来，女孩就很方便地观察自己所处的世界的某一个地方，渐渐地，她们也会把小小的地球仪装进心里。长此以往，女孩的心胸自然更加开阔，她们的心灵也会更加奔放、自由。

很多人都向往台湾女作家三毛笔下的撒哈拉沙漠。作为一位女作家，三毛的一生是独特而又精彩的。她始终处于旅游的过程之中，不管走到哪里，都能够顽强地生存下来。在不停地改换生存地点的过程中，她的心越来越自由，也获得了最大的空间去成长。常言道，见多识广，古人也说，读万卷书不如行万里路，这是告诉我们，一个人唯有走过更多的地方，在更多的地方生活过，才能够获得更为开阔的眼界。

当然，走出去并不是一件简单的事情，它需要女孩有足够的能力，也需要家庭有足够的财力支撑，还要看女孩的人生机缘。眼下，既然女孩还小，无法真正走出去，不如就让她心怀世界，把小小的地球仪放入自己的心中，这样她才能突破自身的局限，走进外部的世界，从而做到放眼世界。

如今的世界处于日新月异的发展之中，女孩也有了更多的机会来接

第05章 开眼界立目标：女孩要走出小天地，使用追梦的权利

触外部的世界。整个人类的未来都掌握在儿童的手中，儿童是全人类的希望，所以，女孩也要肩负起自己的责任，开阔自己的视野，这样才能够心怀广阔。

在一个广告之中，有一句非常经典的话，那就是"身未动心已远"。给女孩一个地球仪，让女孩拨动地球仪，这样一来，虽然女孩在小小的范围内生活，但是她们的心会自由地翱翔。对于孩子的成长而言，最可怕的是什么呢？不是家庭的穷困，也不是自身条件的限制，而是心灵被禁锢起来。给女孩一个地球仪，等于给了女孩放飞心灵的机会，让女孩能够放眼世界，这样，女孩的人生才会得到更好的成长和发展。

爸妈有话说：

孩子，你不仅要看着地球仪，还要把地球仪牢牢地记在心里，这样你才能够立足于当下，放眼于世界，你的眼界才会更加开阔。这个世界上有太多精彩的人和事等着你去感受，也有太多美丽的景色等着你去欣赏，所以你一定要努力向上，争取早日走遍世界的每一个角落。

要想成功，一定要有目标

人生就像船只在大海上航行，如果没有引航灯，很容易在茫茫的大海上失去方向，最终不知所踪。即使是一个经验丰富的船长，也必须在引航灯的指引下保持航行的方向，才能够不断地奔向目的地。对于孩子的成长而言，目标正是把握人生方向的关键所在，孩子如果失去目标，

在成长的道路上陷入迷茫和混乱，就无法到达成功的目的地。目标对于孩子的成长至关重要，因为孩子正在成长的关键时期，身心发展都不够成熟，人生经验也很匮乏，所以他们对于自身的把握会更加没有力度。只有在目标的指引下，孩子才能我到前进的方向。

记得在小学阶段的语文课上，很多老师都会问孩子的理想是什么，并让孩子以"我的理想"为题写一篇文章。在当时的年纪，孩子们总是会给出各种各样的答案，甚至有的孩子的理想是成为村里的村长。当然这样的理想也并非凭空而来，它是孩子对于人生的理解和感悟。遗憾的是，很多孩子在说出理想之后，就把理想完全抛之脑后了，在未来成长的过程中，他们没有坚持理想，也渐渐地背离了初衷。实际上，理想就是人生的目标，而目标就是成功的保障。目标对于成功而言，就像靶子对于箭头一样重要。有目标，孩子可以知道努力的方向，并为之坚持努力奋斗，决不轻易放弃。

法布尔曾经做过一个非常经典的毛毛虫实验。经过观察，法布尔发现毛毛虫的方向感很差，只要有一条毛毛虫带队，其他的毛毛虫就会完全不假思索地跟随在带队者的后面爬行。为了验证毛毛虫是不是毫无目的地在行动，法布尔进行了一项实验。

他把带队的毛毛虫放在一个圆形花园的边沿上，让其他的毛毛虫依次排在带队毛毛虫的身后，与带队的毛毛虫首尾衔接。众所周知，毛毛虫最喜欢吃清香的松叶，为此，法布尔把松叶放在距离毛毛虫队伍不远处的地方。于是，毛毛虫就这样开始围绕花盆的边沿进行爬行，它们首尾相接，后面的毛毛虫都在追随带队的毛毛虫，而带队的毛毛虫因为面前就是追随者的尾巴，所以它也盲目地跟随着追随者爬行。就这样，毛毛虫围绕着花盆的边沿不停地爬呀爬呀，它们的姿态和速度几乎没有改

第05章 开眼界立目标：女孩要走出小天地，使用追梦的权利

变。虽然它们很饥饿，而且美味的松针就在旁边散发出清香，但是它们不为所动，依然坚持爬行。就这样过了七天之后，所有的毛毛虫都因为精疲力尽被累死了。

实验的结果告诉我们，毛毛虫真的是盲目追随目标的生物。在行动的过程中，它们没有任何的思考能力，唯一的理想就是跟着前面的毛毛虫爬行。正因为如此，才使得它们对于近在咫尺的美味松叶视而不见，最终被活活饿死。

想想吧，这样的情况是多么可怕，假如人也和毛毛虫一样，在成长的过程中，只是盲目地跟随别人，而从来没有独立的思想和主见，那么人们最终就会迷失自我，也会在生命的过程中丧失努力的目标。

人都应该为自己设置一个目标，这个目标可以非常远大，也可以是短期的，但是它们都有一个共同点，那就是具有激励的作用。目标的激励作用，就是让人们在犹豫彷徨的时候依然能够不忘初心，在目标的指引下，哪怕是在漫无边际的海上航行，人们也不会迷失方向。女孩在生命的历程中一定要为自己设定一个目标，并且要为了实现目标而不懈努力。如果没有目标的指引，人生最终的结果将很难令人满意。

当然，如果制订的目标过于远大而很难达到，就会使女孩产生挫败的心理。在女孩有了远大的目标之后，父母可以引导女孩对目标进行分解，把目标分解为中期目标和短期目标，这样一来，女孩经过一段时间的努力就可以实现一个短期目标，从而感受到成功的喜悦，也得到实实在在的成就。得到了激励，女孩自然会更加鼓起力量和勇气勇往直前。

为了实现目标，除了要有坚定不移的意志力之外，还要讲究方式方法，将勇气和毅力相结合，才会起到最好的效果。

爸妈有话说：

每个人的人生都应该有目标，目标就像是在茫然海面上的船只需要远远的灯塔一样，能够为人们指明努力和进步的方向。目标为人生不断进取提供源源不断的力量，在目标的激励下，人生才能勇往直前、绝不懈怠。

以名人作为榜样

因为明星的光环效应，很多男孩女孩都喜欢追星。在他们心目中，明星是至高无上的，也是完美无瑕的，为此，他们对明星非常崇拜。实际上，明星只是因为在屏幕上展示了最优秀和完美的一面，所以才塑造了完美的形象。因此，女孩一定要怀着理智的心态去追星，不要因为盲目追求明星而影响自己正常的生活和学习。

和那些明星相比，历史上的伟人是更值得女孩去学习的。要想为自己树立一个积极的榜样，女孩可以多多阅读名人传记，这样既可以了解历史，也可以让那些已经逝去的历史人物重新变得鲜活起来，从而为自己树立一个值得崇拜和学习的榜样。女孩正处于模仿力和学习力都很强的阶段，如果不能够理性地学习榜样，就学不到榜样真正的力量。

尤其是在日常生活中，在身边树立榜样，对于女孩的言传身教作用更强。当然，如果身边没有可以作为榜样的人，也可以从历史的长河中寻找一个榜样，这样一来就可以激励女孩不断进步，让其行动力大大增强。

很多人都读过海伦的《假如给我三天光明》，都知道海伦虽然饱

第05章 开眼界立目标：女孩要走出小天地，使用追梦的权利

经命运的挫折和磨难，却依然努力上进。海伦一岁多的时候就失去了视觉、听觉，以及发声的能力，从此，她生活在无声无色无光的世界里。自从父亲为她请来了一位家庭老师，想方设法地教给她知识后，她的世界就像重获了光明。她坚定不移，努力向上，最终战胜厄运，有所成就。女孩可以学习海伦，也可以学习那些意志力顽强的伟大人物。尽管这些人物已经离我们而去，但是，多多阅读这些大人物的作品，了解他们的精神和品质，女孩必然受益匪浅。

古今中外，有很多名人都具有非常优秀的品质和坚毅的灵魂，但是并不一定任何名人都适合作为女孩的榜样。父母要从女孩的实际情况出发，也要分析女孩的性格特征，从而有的放矢地为女孩树立榜样。通常情况下，女孩要以与自己志同道合的人作为榜样，这样才会与榜样有感情和心灵上的共鸣，从而受到极大的鼓舞。此外，还要寻找能够激励女孩的人作为榜样，让女孩既可以从他们身上汲取精神的力量，也可以不断提升和完善自我。最后，在寻找榜样的时候，一定要找那些积极正面的人物，否则就会在不知不觉中受到负面的影响，导致失去自我。

刘德华诸多粉丝中有一个叫杨丽娟的女孩，她自从十六岁开始，疯狂迷恋刘德华，不但辍学，还让原本就贫困的家庭生活更加雪上加霜。为了能见刘德华一面，她带着父亲母亲四处奔波，追寻刘德华，最终，她的父亲实在无法忍受这样的生活，选择了结束生命。这样的盲目追求，给杨丽娟及其家庭带来了毁灭性的打击，也让刘德华承受了巨大的心理压力，一度陷入严重的精神疾病之中。不得不说，一个人要想寻求自己的榜样，就要找到与自己志同道合，且能够对自己起到激励作用的优秀人物，以其作为自己言行举止的标杆。这样才能成就更优秀的自己。

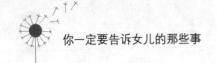有话说：

孩子，你可以以任何人为榜样，但最重要的在于那个榜样能够给你积极的力量，能够丰富和充实你的心灵，也能够激励你当机立断地采取正确的行动来提升和完善自己。记住，你的榜样不一定是非常成功的，但是他的身上一定有某些优点能够打动你的内心；他可以不够完美，但是他一定要具有优秀的品质。总而言之，榜样是你言行举止的标杆，是你思想灵魂的高度，在为自己树立榜样的时候，你一定要慎重地选择。

要激发和保持创造力

对于孩子而言，学习的能力至关重要，从呱呱坠地开始，孩子们就在进行学习，但是他们未必都能够迅速地取得进步。这是为什么呢？因为有的孩子在学习方面独具天赋，有的孩子却并不擅长学习；也因为有的孩子具有无穷的想象力和创造力，而有的孩子则只会盲目地模仿，在学习方面效果很差。

众所周知，在世界领域内，诺贝尔奖是很多学科奖项的巅峰。其实，诺贝尔之所以能够实现伟大的梦想，成为举世闻名的科学家，是因为他在一生之中都在坚持着梦想，也在发挥自己无穷的创造力，最终造福于整个人类世界。

在世界领域内，很多奖项的诞生都与政治宗教、民族户籍、国籍等有密切的关系，唯独诺贝尔奖是完全独立的。成就的大小，是一个人能否获得诺贝尔奖的唯一标准，所以很多学科领域的人都以能够获得诺贝

第05章 开眼界立目标：女孩要走出小天地，使用追梦的权利

尔奖为自己最高的奋斗目标。听起来诺贝尔奖似乎距离我们非常遥远，实际上人的创造能力和潜力是无穷的，女孩只要能够激发出自身的力量，坚持不懈地努力，即使最终不能够获得诺贝尔奖，也可以距离诺贝尔奖越来越近。

孩子在降生之初，随着不断地成长，他们的心灵越来越灵活，他们的内心世界越来越丰富。但是，在传统的教育方式之下，孩子的天性被扼杀，渐渐地变得整齐划一。其实，对于孩子而言，最宝贵的就是创造力，创造力听起来虚幻而不可捉摸，实际上却是实实在在的，是一个人最珍贵的能力。有创造力的人不会一味地模仿他人，也不会总是因循守旧，相反，他们会为这个世界创造出崭新的价值，从而推动整个人类社会不断进步。创造力涵盖了很多方面的能力，包括创造出实实在在的产品。伟大的发明家爱迪生就为整个世界的人带来了电灯，并发明了很多独有创新性的新产品。

创造力也可以是一种独特的心理过程，曾经有科学家认为创造力和智力之间不是成正比的关系，也就是说，一个人即使智力水平不是很高，也可以有所创造。反过来说，一个有创造力的人，他的智力水平未必一定很高。在发现孩子有创造力的时候，父母一定要有意识地引导孩子保持创造力。通常情况下，创造力很强的人往往对生活洞察入微，有着敏锐的感知能力，他们能够把被别人忽视的问题看在眼里，也会想方设法地解决问题，并且立即付出行动真正去创造。

在创造力的作用下，人的潜能被激发出来，而创造力与能力最大的区别就在于创造出来的事物是历史上第一次出现的，具有非常新颖的特性。有创造力的人思维开阔，并不拘泥于固定的思维模式，拥有发散思维或者探索思维。总而言之，他们从来不因循守旧，也不愿一味沿着前

人思考的道路继续前进，他们是走出思维新路的人。正如鲁迅先生所说的，其实地上本没有路，走的人多了，也便成了路。拥有创造力的人，会在思维的道路中走出属于自己的道路。

对于孩子而言，创造力是人生成就的决定因素。有些孩子在成长的过程中失去创造力，结果一生碌碌无为；而有些孩子在成长的过程中始终能够坚持自己的想法，并动手去做，最终获得了非凡的成就。

对于创造力，很多人都存在误解，觉得女孩的创造力远远不如男孩的创造力强。其实不然。创造力对于男孩和女孩并没有特殊的偏爱，只要女孩有的放矢地发挥创新性，并坚持自己的独特之处，就会拥有创造力。当然，只有创造力是不够的，还要拥有把创造力付诸实践的行动力，这样才能够创造出结果。任何时候，都不要让自己掉进人堆里看不出来，即使你的外貌和别人相差无几，你的衣着品相和别人也没有明显的差异，你的内心也一定要不同于他人，这样你才能更加接近诺贝尔奖。

爸妈有话说：

很多女孩都有从众心理，因为她们没有足够的自信，也不希望自己在人群之中显得太过另类，为此，她们总是规规矩矩，让自己看起来和其他人没有太大的区别。殊不知，一个人可以外表看起来平淡无奇，但是内心一定要坚定不移，既要坚持自己的想法，坚持自己的与众不同之处，也要坚持让自己行动果断，这样才能发挥创造力的作用，让自己变得越来越强大。

第05章 开眼界立目标：女孩要走出小天地，使用追梦的权利

成为谦虚而又自强的女孩

和那些不希望自己区别于其他人的女孩不同，有些女孩非常希望鹤立鸡群，能够赢得更多人关注的目光，为此她们总是故意让自己显得与众不同。殊不知，这种区别于他人的方式并不高明，那些真正优秀的人，哪怕他们一声不吭，也会有人关注他们；而那些只相信他人眼球的人，哪怕他们故意标榜自己的独特，也往往难以达到预期的效果。

在成长的道路上，女孩儿会有很多的进步，也会有很多犯错的时候。对于成长而言，这些情况都是正常的。女孩要时刻鞭策自己，砥砺前行，避免让骄傲自满的心态成为成长的绊脚石。要记住，在这个世界上并没有绝对完美的人，每个人都会犯各种各样的错误，每个人都有自己的优点，也有自己的缺点，女孩千万不要因为只看到自己的优点而扬扬得意，也不要因为只看到自己的缺点而自卑沮丧。只有客观公正地认知自己，知道自己既有优点也有缺点，从而理性地扬长避短、取长补短，才能够更加自信、全面地成长。

在自强和自满之间，很少有人能够找到一个合理的界限。过度骄傲自信就变成了自满，而如果遇到小小的挫折打击就一蹶不振，就变成了自卑和自我放弃。唯有在胜利的时候不骄傲，在失败的时候不气馁，在面对挫折的时候能够勇敢而上，才是真正的自强。

要想避免自满，就不要用自己的优点与他人的缺点进行比较，要知道，每个人都有自身的长处和短处，我们要客观认识自己的优点，也要理解和包容他人的缺点，这样才能够更加客观中肯地评价自己和他人。要想做到自强，就不要因为小小的挫折和打击而一蹶不振。常言道，人生不如意十之八九，对于成长而言，更是会遇到各种各样不如意的情

况。哪怕前路再坎坷艰难，女孩也不要为此而陷入自卑。满招损，谦受益，这句话就是告诉我们，一个人唯有谦虚才能努力上进，若总是骄傲自满，目中无人，就会在成长的道路上栽跟头。所以女孩一定要客观公正地认知自己，而不要盲目地高估或者贬低自己。

当然，女孩儿的心智发育还不够成熟，人生经验也很匮乏，为了做到谦虚而又自强，女孩要做到以下几点。首先，女孩要拥有一颗自强的心。每个人在成长的过程中都会遇到不如意的事情，如果遇到小小的困难就知难而退，而不愿意继续努力和前进，那么没有人能够获得成功。其次，对于自己的理想要坚持不懈地去实现，哪怕前路坎坷路途遥远，也要砥砺前行，而不要随随便便就放弃。最后，女孩应该保持自我反省的精神。每个人难免会在前进的道路上误入歧途，只有保持自我反省的精神，才能随时发现自己做得不对的地方，才能够随时激励自己，努力进取。

每个人都有弱点，自满就是一个人最大的弱点。在进步的道路上，自满是最大的绊脚石，使人往往在不知不觉间就停下前进的脚步，处于后退的状态。所以，在成长的道路上，女孩儿一定要戒骄戒躁，戒掉自满，这样才能够以谦虚的心态一直前行，才能够以坚韧的态度不断前进。

爸妈有话说：

如果你觉得自己获得的成功太容易，那么不如把目标定得更加远大一些，这样一来，你就会发现你如今取得的小小成就并不足以值得骄傲。你一定要更加严格地要求自己，只有努力攀登上更高的山峰，你才会看到更远的风景。

第 06 章
披朝气灭悲观：女孩有自信就拥有快乐和勇敢

孩童时期如刚刚展开的瑰丽画卷，孩子的心灵就像一张纯洁无瑕的白纸，染之黄则黄，染之苍则苍。如何面对人生，决定了女孩将会拥有怎样的人生。积极的女孩拥有明媚的人生态度，她们在人生之中会看到更多的阳光，感受到更多的温暖。消极的女孩拥有消极的人生态度，她们的人生就像是乌云密布的天空，总是带给她们深切的绝望。因此，女孩一定要选择拥有阳光的心态，这样才能奠定良好的人生基调，才能拥有充实美好的人生。

女孩女孩，你别哭

在很多人的观念中，女孩是柔弱的代名词，她们一旦遇到困难，就会情不自禁地退缩，哪怕只是遇到小小伤害，她们也会伤心而又无助地哭泣。看到女孩这样楚楚可怜的模样，父母一定会忍不住帮助女孩、扶持女孩。然而，女孩终究要独自面对人生，而父母也无法陪伴和保护女孩一辈子。在这种情况下，父母如何才能培养出独立的女孩呢？

面对人生的困境，女孩不需要流泪，甚至有一些困难就像是女孩人生的巧克力，能给女孩补充巨大的能量，让女孩变得更加勇敢坚强、精力充沛。所以，女孩在面对坎坷磨难的时候，一定不要悲观绝望，而应该有越挫越勇的精神。面对那些看似不可战胜的困难，女孩更应该鼓足勇气，努力向上。唯有如此，女孩才能最大限度激发出自身的潜能，才能够成为人生真正的主宰。

当真正遭遇磨难的时候，流泪是不可能解决问题的，尤其是现实社会是非常残酷的，生活也常常表现出冷漠无情的一面，对此，女孩应该收起眼泪，攥紧拳头，这样才能够真正地承担起人生的重任。既然已经面对痛苦，与其被痛苦和磨难打倒，还不如积极地扬起自信的风帆，努力消化痛苦，迎接磨难。唯有如此，每个人才能最大限度地挑战自我，激发出自身的潜能，才能够更加从容不迫。

第 06 章　披朝气灭悲观：女孩有自信就拥有快乐和勇敢

古往今来，无数伟大的人之所以有了不起的成就，并不是因为他们得到了命运的青睐，也不是因为他们独具天赋，而是因为他们在命运的挫折和磨难面前始终能够坚持与命运搏斗，即使遭到了沉重的打击，也依然傲然挺立。他们的意志因为磨难而变得更加坚强，他们的心灵因为磨难而变得更加厚重。

很多女孩都喜欢吃巧克力，实际上，那些优质的巧克力，在甜蜜之中总是带着淡淡的苦味。既然如此，何不把生活也看成是一块巧克力呢？生活的本质就像既有苦涩也有甜蜜的巧克力，里面包藏着酒心或者是其他味道的夹心。即便巧克力有多么苦涩，人们吃完之后也始终念念不忘。如果女孩能以品尝巧克力的态度去面对人生，那么人生就会让女孩变得更加强大。命运总是公平的，它在给人关上一扇门的同时，还会为人打开一扇窗。从来没有一个人会始终得到命运的眷顾，也没有一个人能够一帆风顺到底。即便如此，我们也依然要勇敢地面对生活，无畏地生存下去。

爸妈有话说：

你足够幸运，因为你有健康的身体，有充实的心灵，也有独立生活的能力，最重要的是你有积极的心态。记住，命运对每个人都是公平的，最重要的在于我们对待命运的态度如何。当你被失败打击的时候，不如想一想成功的时刻；当你一蹶不振的时候，不如想想自己要怎么做才能赢得命运的青睐。要想得到命运赋予你的好机会，就要始终保持昂扬饱满的斗志，这样才能够作好准备，随时抓住机会，才有可能获得成功。

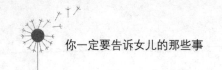

自信的女孩最美丽

女孩似乎天生就是美好的代名词,因为她们似乎得到了命运的眷顾,不但有美丽姣好的容颜,还有充满智慧的大脑,她们总是与人为善,对人满怀同情与博爱,也得到了命运的慷慨馈赠。然而,命运并不总是让女孩一帆风顺,有的时候也会故意捉弄女孩,给女孩设置各种各样的难题。在这样的情况下,女孩要适应命运的起起伏伏,始终怀着自信,这样才能够在成长的道路上更加坚定不移地前进。

曾经一帆风顺、无忧无虑的女孩,一旦遭到挫折,往往会一蹶不振。这是因为,一个人如果吃惯了糖,就不会觉得糖是甜的,而在吃苦涩的东西时,则一定会觉得难以下咽。所以,在引导女儿成长的过程中,父母一定要教育女孩学会品尝苦涩、接纳苦涩,也不妨创造机会,让女孩亲自感受一下命运的残酷。这样,女孩才能够增强对于命运残酷的免疫力,才能够更加从容地应对生活的考验。

女孩要想在生命的历程中具有突出的表现,做出属于自己的成就,就一定要拥有自信和朝气。自信和朝气就像是女孩华美的外衣,能够让女孩变得更加与众不同,也能够增强女孩的力量,让女孩在成长的过程中一往无前,绝不退缩。当然,每个孩子在成长过程中都会遇到各种困难和障碍,只要鼓起勇气,扬起自信的风帆,女孩最终就能够扫除这些障碍,清除成长道路上的难题,从而让自己更加快速地成长。

若男从小就像男孩一样,总是不服输,而且很调皮,为此,在成长的过程中,若男有很多好朋友都是顽皮的男孩。她与他们在一起,就像与铁哥们儿一起玩耍。若男在学习上也有一股不服输的精神,她总是非常勤奋刻苦,不甘心落后于人,但是她也有一个很大的弱点,那就是特

第 06 章　披朝气灭悲观：女孩有自信就拥有快乐和勇敢

别害怕考试，对于考试有深深的恐惧。

若男平日里学习成绩很好，可一旦到了考试的时候，就会因为紧张而导致头脑中一片空白。有的时候，若男甚至会把原本会做的题目都彻底忘掉，因此，每当到了考试的时候，若男的考试成绩总是很糟糕。这使得若男非常苦恼。看到若男这么痛苦的样子，妈妈想方设法地鼓励若男，却没有收到什么效果。为此，妈妈决定带着若男去咨询心理医生，让心理医生解开若男心中的结。

经过一番分析之后，心理医生认为，若男之所以在考试的时候表现异常，是因为不够自信。心理医生的分析让妈妈觉得好笑，妈妈告诉心理医生："若男是一个比男孩还自信的女孩。"心理医生对妈妈说："她也许跟男孩一样顽皮，也会和男孩打成一片，但是她内心并不十分自信。一个人如果真正自信，就不会害怕检验的到来，也不会因为紧张而导致发挥失常。真正自信的人，总是能够从容应对一切情况。"经过心理医生的指导和分析之后，妈妈对若男的心理状态有了更深的了解，若男也开始有意识地提升自信。在对多方面进行改进后，若男在考试中的表现越来越好。

女孩唯有拥有自信，才能够由内而外散发出强大的气场，拥有不可战胜的力量，才会有吸引人的朝气。要想不断地增强自信，女孩就要学会鼓励自己，也可以为自己寻找一个榜样作为标杆，还可以为自己寻找一个对手。曾经有人说过，看一个人的底牌，看他的朋友；看一个人的实力，看他的对手。对于女孩来说，如果拥有正合适的对手和敌人，则往往能够使女孩不断激发自身的潜能，努力上进。当然，在做很多事情的时候，如果女孩过分在乎事情的结果，就会很紧张。为了让自己恢复平静，能够正常发挥，女孩无须过分重视结果，要知道，很多事情最重要的是过程，而不是结果。结果只能代表某一种情况下的收获，却不能代表女孩真正的能力。在分数的刺激下，女孩往往会非常紧张，希望自己可以取得好成绩。其实，成绩并不是检验女孩学习情况的唯一标准，女孩应该让自己的学习生活变得丰富多彩，充实灵动，这样才能够真正地展示自身的魅力。

在缺乏自信、缺乏朝气的时候，女孩不如多多鼓励自己，给自己积极的心理暗示。有的时候，来自父母老师等的鼓励固然能够激励女孩努力进步，却不能给予女孩持久的力量。女孩唯有意识到心理问题所在，并有的放矢地对自己进行心理暗示，才能够让自己的内心变得越来越强大。

爸妈有话说：

女孩是那么美丽，如同早晨含苞待放沾着晶莹的露滴的花朵。在爸爸妈妈心中，你是最漂亮、最勇敢、最自信的女孩。每当遇到困难的时候，你要记住，成功就在不远处向你招手，只要鼓起勇气，一切困难都会臣服在你的脚下。这样一来，你就可以开足马力向前奔跑和冲刺！

黑夜给了我黑色的眼睛，我却用它来寻找光明

"黑夜给了我黑色的眼睛，我却用它来寻找光明。"这句诗是伟大的诗人顾城写的。很多青春期的男孩和女孩都以这句诗作为座右铭，用这句诗来鼓励自己，也用这句诗来振作精神。不得不说，眼睛的确是人们眺望世界的窗口，也是人们心灵的窗口，一个人拥有什么样的眼睛，决定了他能看到怎样的世界、拥有怎样的人生。所以说，每个女孩都要用明

亮的眼睛来寻找世界中的真善美,从而采集更多的阳光,充实和照亮自己的心灵。唯有积极乐观向上的女孩,才会拥有充满阳光的明媚人生。

大多数女孩都很积极,所以她们可以用眼睛看到一个纷繁绚烂的世界;然而也有少部分的女孩对于人生持有悲观的态度,也常常被命运捉弄,对于人生的感知力非常迟钝。只有内心充满光明的孩子,才能够感受到这个世界的温暖;相反,如果孩子的心很悲观沮丧,看任何问题的时候都带着沮丧的情绪,那么他的人生一定会非常糟糕。

女孩在看待问题的时候何必悲观呢?现代社会,大多数女孩都是独生女,在优渥的环境中成长,根本不需要去为了那些不值一提的小事情而感到烦恼。实际上,悲观情绪的产生与人的心理状态密切相关,当一个人对人生态度消极的时候,他的世界就会染上悲观主义的色彩。因此,父母要有意识地引导女孩摆脱悲观,让女孩儿更加积极地在人生的道路上前行。

从心理学的角度来说,悲观之所以产生,与女孩内心深处缺乏自信有着密不可分的关系。所谓乐观悲观,就是一个人看待外部世界的态度。积极的人看待一个问题时,总是能够从问题中看到希望;而消极的人在看待同一个问题时,只能够从问题中看到绝望。悲观的女孩常常觉得自己在人生的道路上走到了死胡同之中,总是感受到生命的无奈,其实,她们的人生是充满希望的,而且有美好的未来。只是因为她们的眼睛被悲观蒙蔽,所以看不到希望的光而已。

现代社会,很多女孩都是家庭里的独生女,她们在家庭生活中得到父母无微不至的照顾,得到长辈全心全意的爱与呵护,一旦离开家庭和父母的庇护,进入到学校这个小小的社会环境中,难免会受到很多挫折和打击。在这种情况下,如果女孩没有承受能力,就会导致悲观情绪的产生。如果女孩的内心比较强大,也知道自己遇到困难是理所当然的,就可以迎难而上,有的放矢地调整和改变自己,从而让自己得到他人的认可与赞赏。

悲观情绪对女孩成长的影响是很大的,当女孩过度悲观的时候,她们还会受到抑郁的侵扰。明智的父母会更加关注女孩的内心状态,但是,至今仍有很多粗心的父母一味地要求女孩学习好,完全忽略了女孩内心感情的需要,为此,他们在和女孩沟通的过程中会进入一个误区——彼此不了解,这直接导致父母对待女孩的方式过于粗暴,而女孩又无法承受这样的教育方式,最终导致悲剧发生。要想让女孩拥有积极阳光的心态,父母应该改进与女孩沟通的方式方法,有意识地增强女孩心理上的柔韧性。唯有如此,女孩才能够更加坚强,才能够经受人生中的挫折。

很多父母对于女孩总是过分呵护与照顾,哪怕女孩做错什么,他们也不会批评女孩。相反,他们常常表扬女孩,使女孩以为自己所做的一切都是正确的。这样一来,导致女孩对于批评的承受力非常之差,也使得女孩一旦受到小小的批评就觉得自己一无是处。不得不说,这是非常危险的做法,因为,随着不断成长,女孩在学习生活的各个方面都会出现或大或小的失误,也会遭到老师或者其他人的批评,女孩如果没有承受批评的能力,就不会知道如何解决问题,也会变得越发悲观,甚至在悲观的情绪中做出极端的举动。

除了要增强女孩的自信心之外,父母还要强化女孩的意志,消除女孩心底里的自卑。很多女孩的内心深处都有自卑的情绪在作祟,父母却往往会因为粗心而无法体察到女孩内心的情绪。其实,很多父母总是泛泛地赞美和鼓励女孩,但对女孩而言,并没有起到真正的激励作用,因此，在与女孩沟通的过程中，父母要更加用心地表扬女孩，要让赞赏的话生动而具体。唯有这样，才能让女孩知道自己真正的优势是什么。当然，父母也要在机会合适的情况下为女孩指出缺点和不足，从而引导女孩有则改之、无则加勉。

需要注意的是，在给女孩设立目标的时候，不要让目标过于远大而遥不可及。就像在跑马拉松的时候，如果人们一心一意只想着遥远的目标，那么他们常常会感到心力交瘁，乃至觉得自己无法到达终点。曾经有一个日本的马拉松选手山田本一，连续两次获得马拉松比赛的冠军，就是因为他把马拉松的整个赛程划分为一个一个小的目标。通过不断地努力，山田本一很快达到了一个目标，得到激励之后，他浑身充满力量，马上奔向下一个目标。在帮助女孩制订目标的过程中，父母也可以采取这样的策略，用容易实现的目标来激励女孩不断进取，帮助女孩获得成功的喜悦。当女孩受到激励，能力也得到证实时，她才会更加鼓起勇气去掌握自己的命运。

爸妈有话说：

孩子，生活从来不是一蹴而就的，这个世界上也没有天上掉馅饼的好事情。每个人都是自己命运的主宰者，你要相信，只要脚踏实地，一步一个脚印地努力向前，即使目标再遥远，也可以丈量到目标的所在地。最重要的在于，不管发生怎样的情况，也不管承受怎样沉重的打击，我们都要不忘初心，保持自信。

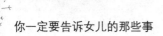

女孩要有巾帼不让须眉的气概

在古代封建思想中,很多人都主张女子无才便是德,因而古代父母对女孩的培养方式就是希望女孩学习一些女红、家务,在家庭经济条件好的家庭里,父母才会让女孩读书,学琴棋书画,而从不要求女孩像男孩一样独立坚强。只有在花木兰代父从军的故事中,花木兰为了照顾年迈的父亲,女扮男装去战场上奋勇杀敌,最终立下了赫赫战功,衣锦还乡。现代社会,女性的社会地位大大提高,可以与男性平起平坐。对于女性来说,这是莫大的进步,所以说,能生在现代社会,是女性的幸福和幸运。作为父母,在培养女孩的时候,我们要让女孩发挥自身的优势,创造价值,做出独特成就。女孩,要有巾帼不让须眉的气概,才能力拔山河,傲然于世。

虽然从生理的角度来说男人比女人的力量更加强大,但是,从内心的角度来说,女人的力量并不次于男性。实际上,如果女性能够发挥自身的优势,激发出主观能动性,并调动潜力和智慧,那么,即使女性在力量方面受到禁锢,也依然可以让自己变得更加强大。常言道,金无足赤,人无完人,每个人都有自己的优势和长处,也有自己的劣势和不足。和勇敢刚强的男人相比,女性的韧性更强,且具有更加顽强的意志力。正因为如此,在很多巨大的灾难面前,女性的表现往往会更加突出。曾经,在职场上,有很多用人单位不愿意聘用女性,这是对女性的歧视。在女性的不断努力下,无数事实最终证明了女性足以胜任很多工作。因此,如今的职场上,歧视女性的用人单位越来越少,女性也得到了和男性同样的工作机会,这是时代的进步,是社会的进步。

如今,在很多名牌高校里,女学生的比例并不比男学生的比例低,

第06章　披朝气灭悲观：女孩有自信就拥有快乐和勇敢

这也证明了女性的智力水平并不比男性低。从群体的角度而言，女性普遍的智力水平比男性还要更高一筹，所以，现代社会中，再也不要说女性不如男性，也不要觉得女性比起男性有很大的局限性。当女性不把自己看作弱者，而是把自己看成真正的强者，女性的自身潜能就会被激发出来，在人生之中也会有更加超常的表现。

女孩不要认为自己是软弱的代名词，而应该树立女孩当自强的观念。通常情况下，人们总是说男孩儿当自强，认为男孩是力量和勇气的象征，也认为男孩可以承担起很多艰巨的任务，努力地挑战和超越自我，做出真正的成就。实际上，男孩能做到的这一切，女孩同样能够做到。在学校里，很多班级的班长都是由女孩担任，这也充分说明女孩的表现丝毫不比男孩差。此外，在遇到艰巨的任务时，女孩也要鼓起勇气独立解决问题。记住，依赖不能使女孩获得成长，女孩一定要渐渐地走向独立，这样才能够不断超越自己，才能够让自身的能力得以证实。总而言之，每个人都有自己的优势和长处，女孩要客观公正地评价自己，既要认识到自己的短处，也要认可和证实自己的优势，这样才能够变得更加强大。

爸妈有话说：

没有人是天生的强者，也没有人是天生的弱者。作为女孩，你一定要树立女子当自强的观念，在关键的时刻挺身而出，并以实力证明自己。记住，只要不断地突破和超越自己，真正成就自己，你一定会活出独属于自己的精彩人生。

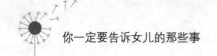

战胜困难,成为人生强者

困难像弹簧,看你强不强。你强它就弱,你弱它就强。对于女孩来说,在遇到困难的时候,正是验证自身能力的绝佳机会。因为,只有在关键的时刻,才能表现出女孩的坚强和容忍,也只有在关键时刻,才能够考察女孩的应变能力。实际上,每个孩子从呱呱坠地开始就处于学习和进步的过程之中,他们每时每刻都在学习新鲜的事物,提升自己,获得生活各个方面的技能。对于女孩而言,成长中的困难只是暂时的,只要女孩能够迎难而上,勇敢地消除困难,获得成长,再回头来看这些困难,就会发现,那些曾经横亘在眼前的高山,原来只是一个个小土堆。所以,最重要的在于,女孩一定要有强大的内心,并且要有绝不屈服的精神,这样才能做到迎难而上。

困难给女孩带来了怎样的障碍呢?其实,困难给每个人造成的障碍都是相同的,那就是让人暂时被吓住,甚至觉得自己无计可施、无能为力。这只是对于困难的一种感受而已,对于那些软弱的人来说,困难会无限被放大;而对于内心强大的人来说,困难则会无限缩小。由此可见,虽然困难是客观存在的,但是,它给每个人带来的困扰,取决于每个人内心的状态和主观的感受。面对困难时,我们一定要坚持不懈,勇往直前,这样才能够摆脱内心的束缚,释放出无穷的潜力和强大的力量,真正做到战胜困难。

在成长的过程中,每个人都会遭遇各种各样的困难,女孩也不例外。困难的出现除了给我们设置考验之外,还能够磨炼我们的意志,让我们变得更加强大。一个人如果从来没有经受过困难的洗礼,做任何事情都顺遂如意,那么困难来临时他就很难真正战胜困难。唯有经受过困难的洗礼，人们才能在困难面前始终保持昂扬向上的精神，拼尽全力去战胜困难，才能够如同凤凰一样浴火涅槃。

作为美国历史上最伟大的总统之一，林肯对美国的贡献是不容置疑的，为此，他一直受到美国人民的敬爱。很多人都非常仰慕和敬佩林肯，却很少有人知道林肯在一生之中总是接二连三地遭遇打击，很少有顺遂的境遇。他之所以能够成为总统，完全是因为他有绝不屈服的精神。

林肯在不到十岁的时候就失去了固定的居所，和家人一起颠沛流离，过着流浪汉的生活。后来，林肯参加州议员竞选，落选。与此同时，他失去了工作，生活上陷入困境。在此之后，林肯又一次参加竞选，获得了成功。然而，成功的喜悦才来了没多久，林肯就失去了心爱的未婚妻，这导致他的身心受到了巨大的打击，他不得不卧病在床很长时间，以调养身体。经过一番深刻的思考，经过对人生意义的探寻，林肯又站立起来，再次以强者的形象出现在人们的视野中。

以后的时间里，林肯参加国会议员竞选，再次失败，又间隔了好几年的时间才竞选上国会议员。然而，在任期到期、争取连任的时候，他又失败了。此后，他竞选土地局长、美国参议员、副总统，全都以失败而告终。直到1860年，林肯才成功当选美国总统，从此，他的人生进入了一个崭新的阶段。

有人对林肯的一生进行过总结，发现林肯在一生之中遭遇了不下三十五次失败，只有三次机会获得成功。成功当选美国总统正是他获得的第三次成功，正是这次成功，使他彻底告别厄运，人生变得与众不同。

在这个世界上，很多人都梦想着能够登顶珠穆朗玛峰。其实，每个人的梦想就是自己心中的珠穆朗玛峰，如何才能够登顶人生的巅峰，不是每个人都知道答案，也不是每个人都能做到。因此，女孩不要以弱者自居，尤其是在面对困难的时候，更是应该鼓起勇气，以坚韧不拔的精神，一次又一次向心中的珠穆朗玛峰发起挑战。你要知道，当你目标高远、坚持不懈的时候，那些困难就会情不自禁地退缩，也会被你迈开大步的脚踩在脚底下。

在经历困难的洗礼之后，女孩一定会变得更加强大。古往今来，无数伟大的人之所以能够成就事业，不是因为他们拥有独特的天赋，也不是因为他们得到命运的眷顾，而只是因为他们饱经生活的磨难，并且在战胜磨难的过程中让自己不断强大起来。

爸妈有话说：

女孩，你的名字不是弱者。越是在困难面前，你越是应该擦干眼泪，勇往直前，因为，在战胜困难的过程中，你一定能够突破和超越自己，也能够最大限度地成就自己，创造生命的辉煌。

第07章
情商高人缘好：好人缘女孩与自私任性说再见

要想在人际交往中如鱼得水、游刃有余，女孩一定要拥有好人缘，能够建立和维护良好的人际关系。当然，要想做到这一点，只有高智商是远远不够的，还要有高情商。高情商的女孩不任性，不骄纵，也不自私自利。相反，在人际关系之中，她们很善于站在他人的立场上思考问题，也很收敛自己的个性，能够让自己在社交方面表现更加突出。

女孩,你要远离社交恐惧症

近些年来,原本默默无闻的"宅"成为新晋的网络语言,很多人都喜欢用"宅"来形容自己,说自己是宅男宅女。那么,宅到底是什么意思呢?从本质上来说,宅就是房子的意思,而宅男宅女就是把自己封闭在家里的男生与女生。现代社会,生活节奏越来越快,工作压力越来越大,职场上的竞争也日益激烈,在辛苦地学习与工作之后,人们往往觉得精疲力竭,不愿意再走出家门和朋友一起玩乐,更不愿意费尽脑筋想自己应该说什么、怎么表现。他们更愿意独自留在家里,尽情地按照本心去生活,而完全不用在乎别人说什么、想什么。

仅从表面看起来,宅是一个非常理想的状态。当一个人变成宅男或宅女时,他(她)就可以任性地做自己,而无须在外部的世界注重他人的眼光。实际上,宅并不是一种好的状态,因为,长期留在家里,缺乏与他人的交流,人们就会渐渐地恐惧正常的社交沟通,也会因此而患上严重的社交恐惧症。不得不说,这对于女孩发展人际关系、拥有好人缘是绝对不利的。

自从进入小学高年级之后,妈妈发现丽丽从一个乐观开朗的女孩变成了一个非常内向文静的女孩。以前,丽丽每到休息的时候就喜欢去小区里找好朋友玩耍,但是现在丽丽只想一个人安静地待在家里。她会选

第 07 章 情商高人缘好：好人缘女孩与自私任性说再见

择看书、看电视，在完成作业之后，也会抽出一些时间去玩游戏。看着丽丽怡然自得的样子，妈妈也乐得自在，她暗暗想道：你不愿意出门，还省得我担心了呢，这样我多么轻松啊！

然而，过了一段时间之后，妈妈发现丽丽在与人交流的时候总是陷入困境，例如，她不知道如何更好地表达自己的所思所想，也常常因为讲话不得体而导致别人很不高兴。妈妈意识到丽丽的这种状态很不妙，这才着急起来。在咨询心理专家之后，听到心理专家称呼丽丽为宅女，妈妈不由得感到很郁闷。此后的时间里，妈妈总是想方设法地吸引丽丽走出家门，哪怕丽丽为此而惹出麻烦，她也绝不抱怨。但是，丽丽显然不喜欢与人交往，她更喜欢沉浸在自己的世界里怡然自得。

现代社会，有很多宅男宅女，他们不愿意走出家门与人交往，因为他们认为和人打交道是一件非常辛苦的事情，所以更愿意留在自己的个人世界里感受轻松和愉悦，而不愿意为了取悦他人而绞尽脑汁、煞费苦心，更不愿意为了人际关系的问题而扰乱心绪。随着宅的时间越来越长，他们还会渐渐地患上社交恐惧症，从不愿意与人交往到害怕与人交往，至此，他们的内心状态有了本质的改变。

人是群居动物，每个人都需要在人群之中生活，才能够实现自身的价值，才能建立良好的人际关系，与他人进行信息的沟通和互换。即使是女孩，也需要与同龄人相处，这样才能够发展人际相处能力，才能够为成长之后的社交生活铺垫基础。在发现女孩有社交恐惧症的表现之后，父母一定要引起足够的重视。如果父母非常敏感，那么，在女孩表现出宅的特点时，父母就应该有意识地引导女孩走出家门，让她结识更多的人，收获更多的友谊。

有话说：

　　你不可能永远生活在一个人的世界里，现代社会提倡分工和合作，所以你一定要学会与人相处。记住，你要想在这个世界上更好地生存，就需要具备很多方面的能力，而且要学会与不同的人打交道。也许你会遇到好相处的人，但是你更有可能会遇到不好相处的人，你必须自己想办法与不好相处的人搞好关系、融洽相处，这样才能够彼此互惠互利、一起成长。

女孩之间的友谊

　　通常情况下，男孩更加倾向于暴力竞争，相比男孩，女孩之间的关系则显得更加平和。女孩更喜欢和同伴相互合作，彼此倾诉，所以女孩与女孩之间很容易就能建立友谊。当然，女孩之间的友谊和男孩之间的友谊也呈现出截然不同的特点，如果说男孩之间的友谊是简单干脆的，那么女孩之间的友谊则是细腻缠绵的。有的时候，女孩非常细腻敏感，朋友对待她们的态度有任何细微的变化，她们都会敏感地觉察到，也会因此而引起情绪的波动。所以说，女孩的友谊具有女性的特点。女孩在彼此相处的过程中，一定要更加注意这样的心理和感情特点，才能够有的放矢地经营好感情。

　　对于女孩来说，维护好一段友谊是不容易的，这是因为她们对自身的心理和情感状态不是很理解，对于朋友也无法做到非常体谅和宽容。要想经营好一段感情，获得真挚的友谊，女孩首先要学会向朋友付出。

第 07 章　情商高人缘好：好人缘女孩与自私任性说再见

遗憾的是，现代社会中大多数女孩都是独生女，她们不但得到了父母无微不至的关爱，也得到了长辈全心的关照，所以往往十分任性，也总是以自我为中心。在与朋友相处的过程中，如果女孩依然以自我为中心考虑问题，而完全忽略对方的情绪和感受，这段友谊就会受到很大的伤害。其次，女孩还要学会宽容。毕竟，每个人都会犯错误，只有踩着错误的阶梯不断前进，人生才能变得更加完美。因此，女孩一定要宽容朋友，不要因为朋友无意犯下错误就对朋友敬而远之，或者对朋友肆意指责。所谓金无足赤，人无完人，每个人在成长的过程中都会犯各种各样的错误，女孩自身也是不完美的，既然如此，又何必苛求朋友一定要完美呢？

当然，一个人如果把自己关在家里，是不可能获得朋友的。女孩一定要走出家门，积极主动地结交更多的人，如此才能让自己拥有更多的朋友。在和朋友相处的时候，还要注重沟通的方式与技巧。很多女孩说话尖酸刻薄，不知不觉之间就得罪了朋友，乃至失去了朋友。唯有怀着一颗宽容的心，真诚地与朋友交往，才能够得到朋友同样的馈赠。总而言之，正如周华健的一首歌里所唱的，朋友一生一起走。在这个世界上，每个人都需要朋友的陪伴，有了朋友，人生才会不孤独寂寞，女孩也是如此。如果想要得到朋友，女孩就一定要友好地对待朋友，也要在与朋友相处的过程中更加用心地为朋友着想。记住，只有努力用心地付出，女孩才能够收获真正的友谊。

最近这段时间，莉莉感到非常苦恼，因为她唯一的好朋友欢欢对她总是不理不睬。莉莉不知道自己哪里做错了，又不好意思问欢欢，就这样，莉莉与欢欢的关系越来越疏远。

看到莉莉苦恼的样子，妈妈忍不住问莉莉："你怎么了？"莉莉向妈妈倾诉了自己的烦恼，并且在妈妈面前表示对欢欢的质疑："欢欢一定是不想和我当朋友了，才会故意疏远我。既然如此，我也不想和她当朋友了。我可不想觍着脸去问她到底是什么原因。"听到莉莉的话，妈妈语重心长地对莉莉说："莉莉，得到一个朋友并不容易，你们不但脾气相投，还志趣相合。因此，在相处的过程中，更要彼此宽容和体谅。我想欢欢之所以无缘无故地表现出对你的疏远，一定有她的原因。你最好在这个关键的时刻表现出对欢欢欢的关心，温暖欢欢的心，这样你和欢欢之间的友谊才不会破裂。"在妈妈的建议下，莉莉决定主动出击。在和欢欢一番深入的交流之后，莉莉得知欢欢的父母正在离婚，这才明白欢欢为何总是郁郁寡欢。此后的日子里，莉莉始终陪伴在欢欢的身边，也总是想方设法逗欢欢开心。虽然欢欢的父母还是无法挽回地离婚了，但是欢欢对莉莉说："我很庆幸有你这个朋友，谢谢你始终陪着我。"

女孩的心思很细腻，对于友谊的变化非常敏感，所以很容易在对方表现出疏远之后马上开始抱怨和质疑对方。实际上，每个人都会有自己的烦恼，我们不是他人肚子里的蛔虫，当然不可能知道他人到底在想什么。出于对朋友的关心，我们应该主动询问，了解朋友真正的情况，这样才能够打开朋友的心扉。

女孩的情绪特点就是非常敏感细腻，因而可以及时觉察到异常。在感觉友谊有变化之后，不要一味地抱怨和指责他人，而是应该发挥女孩温柔细腻的优势，更加深入地了解变化背后的深层次原因，从而做到关心他人，给予他人帮助。

正如莉莉妈妈所说的，得到一个朋友绝对不是简单容易的事情，每个人都要珍惜朋友，在友谊岌岌可危的时候想方设法地维护友谊，让友

第 07 章　情商高人缘好：好人缘女孩与自私任性说再见

谊之树常青，这样双方才能成为一辈子的好朋友。

爸妈有话说：

爸爸妈妈希望你拥有更多的朋友，因为，在漫长的人生之中，真正能够陪伴在你身边左右不离的，就是那些好朋友。要记住，在和朋友相处的过程中，不要总是任性，也不要总是肆意妄为。不管做什么事情，还是作什么决定，都要尊重朋友，并且要了解朋友真实的想法，让沟通更加顺畅。唯有如此，你和朋友才能消除误会，才能够在人生的道路上彼此扶持和帮助。

唯有努力付出，才会有所收获

由于独生子女政策的推行，如今很多家庭里不但孩子是独生子女，包括父母在内也是独生子女，这就形成了独特的"4-2-1"家庭结构，也就意味着有四个老人看着两个年轻人，然后他们六个人一起照顾着唯一的孩子。在这种情况下，可想而知，长辈和父母会把所有的爱和关注都投放到孩子身上，会无限度地满足孩子的一切要求，而忽略了对孩子的教育和引导。由此一来，孩子不可避免地成为家里的太阳，成为整个家庭生活的中心。日久天长，孩子将误以为自己是宇宙的中心，变得更加任性骄纵。所以，父母一定要调整好心态，长辈和父母固然要给孩子最好的一切，但也要及时引导孩子，让孩子学会感恩，也学会为他人着想。唯有如此，孩子才能与父母、长辈建立良好的关系，并懂得如何回报。

父母要知道，如果父母总是把最好的都给孩子，让孩子不劳而获就能得到所有,那么,这并不是一件好事情,反而会导致孩子形成以自我为中心的错误想法。尤其是在孩子走出家庭、走上社会之后,在社会交往中,没有人会像父母一样对孩子言听计从,满足孩子的所有需求,更没有人会像父母一样宽容孩子,对孩子一切自私的表现都表示理解。既然如此,父母就要防患于未然,在孩子小时候就引导孩子学会分享,引导孩子主动向他人付出,这对于孩子将来建立和维护良好的人际关系是非常有必要的。

豆豆刚刚三岁半,暑假过后,她开始读幼儿园小班。这是豆豆第一次离开家,进入一个集体环境之中。和其他孩子一样,豆豆在初入幼儿园的一周时间里,几乎每天都会哭得撕心裂肺。看着妈妈离开,孩子们都误以为自己被妈妈抛弃了。直到一周之后,小朋友们渐渐习惯了去幼儿园,也知道妈妈会在放学的时候来到幼儿园接他们回家,痛苦的幼儿园生活才渐渐变成了快乐的幼儿园生活。他们一改当初哭哭啼啼的样子,反而高高兴兴地去幼儿园。

有一天,老师布置了一个任务,要求小朋友们次日带上最喜欢的玩具去幼儿园,和其他小朋友交换着玩耍。孩子们回到家后,都以稚嫩的声音告诉妈妈,自己要带玩具,老师也在班级群里发出通知,要求每个孩子都带一个玩具。可想而知,每个家庭里都有很多玩具,所以爸爸妈妈便让孩子挑选出最喜欢的玩具带去学校。次日上学的时候,教室里异常热闹,有的小朋友带来了电动小汽车,有的小朋友带来了喜欢的海马玩具,还有的小朋友带来了毛绒玩具,也有的小朋友带来了小飞机。总而言之,各种各样的玩具在教室里琳琅满目,让人目不暇接。

上第一节课的时候,老师就让小朋友们拿出自己的玩具,还让每个小朋友用一句话来介绍自己的玩具。进行完这个程序之后,老师对小朋

第07章 情商高人缘好：好人缘女孩与自私任性说再见

友们说："接下来，请小朋友们和身边的小朋友交换玩具，这样每个人都可以玩到更多的玩具。"不料，老师这句话说完之后，大多数小朋友都把玩具紧紧地抱在怀里，死死地不愿撒手。少部分无动于衷的孩子则是因为没有听明白老师的话，当老师演示给他们看，要求他们与其他小朋友交换玩具的时候，他们都哇哇大哭起来。看到这样的情形，老师感到哭笑不得。

幼儿园里为何会出现这样的情况呢？就是因为孩子们从小就在独占美食和玩具的环境中成长，他们的心中只有自己，所以他们只想满足自己的需求，而丝毫不在乎别人的感受。在这样的情况下，他们必然变得任性和自私，并在进入幼儿园的集体生活时表现出很大的不适应性。从孩子的行为表现背后，我们可以发现父母在养育孩子的过程中都犯了一个同样的错误，那就是总是无限度地满足孩子，而丝毫没有引导孩子去付出。

非但很多孩子不懂得感恩，就连很多成人也不懂得感恩，他们对于生活总是满怀抱怨，对于自己父母的付出也总是感到很不满足，索求无度。实际上，这样的抱怨只会使得他们生活的状态更加糟糕，而无法让他们在生活中领会到生命的真善美。其实，很多事情都取决于心态，正如人们常说的，心若改变，世界也随之改变。这告诉我们，每个人都要主动地改变自己、改变对待这个世界的态度，如此才能得到命运积极的回馈。

有些父母认为让孩子学会付出为时尚早，因为孩子还很小，却不知道所有优秀的品质都是从小渐渐养成的，每个良好的行为习惯背后都需要漫长的时间去巩固。所以父母一定不要对孩子的教育掉以轻心，孩子学习成绩不好可以通过补习班等方式提高，但是，如果孩子在品质上非常恶劣，想要扭转孩子的品质，则很困难。从心理学的角度来讲，孩子三到六岁期间处于性格的"潮湿的水泥期"。所谓潮湿的水泥期，就是指孩子在三到六岁之间会形成人生百分之九十的性格。因此，在这个阶段里，父母对孩子进行性格的塑造是至关重要的，如果父母忽略了孩子的性格养成，那么，等到孩子长大之后，父母再想纠正孩子的性格就会很难。

年幼的孩子不愿意分享，也许会使人感到好笑，但是，当不断地成长之后，如果孩子仍只知道索取，从来不知道付出，没有感恩之心，则会招人厌烦。因此，女孩一定要努力培养感恩之心，要相信这个世界上并不缺少美，也不缺少爱与温暖，如果女孩感受到的总是丑陋与冷漠，只是因为女孩的心总是向着自己，而忽略了别人。

爸妈有话说：

这个世界上值得感恩的事情很多，尤其是对于父母，更要怀着感恩之心。作为女孩，你最需要感恩和回报的对象就是父母，现在你还小，不能做出更多的事情，但是只要力所能及地回报父母，对于你来说就是巨大的进步。

好女孩从不任性妄为

在成长的过程中，孩子会经历三个叛逆期。第一个叛逆期出现在两三岁前后，这个阶段里，孩子的自我意识不断觉醒和发展，使得他们迫不及待地想要把自己与外部世界分离开来。第二个叛逆期出现在七八

第07章 情商高人缘好：好人缘女孩与自私任性说再见

岁期间，在这个时间段里，孩子更希望自己能够快速成长，从而脱离父母的照顾。第三个叛逆期是最让父母头疼的，它出现在十二到十八岁之间，叫作青春叛逆期。青春期的孩子原本就容易情绪冲动，常陷入喜怒无常的状态，再加上内心的叛逆，使得他们成为让父母焦虑的大难题。一提起青春叛逆期的孩子，很多父母总是紧皱眉头，似乎他们对于孩子的教育已经无计可施，也丝毫没有正确的思路对孩子展开教育。不得不说，处于青春叛逆期的孩子的确会让父母很头疼，父母一定要找到正确的方法，才能够处理好与孩子之间的关系，才能够让亲子关系发展得更加和谐融洽。

和性格粗犷的男孩相比，女孩更容易在青春期陷入喜怒无常的状态，她们会因为一件小小的事情就欣喜若狂，也会因为一个小小的挫折就感到沮丧绝望。除此之外，青春期的女孩还会遭遇早恋的困扰。当喜欢一个人或者被一个人喜欢时，她们往往会因此而情绪更加不稳定，如同坐了过山车一样忽上忽下。面对这样的女孩，父母应该如何做，才能让女孩情绪恢复平静，并尽量保持理性呢？

有一天，女孩因为和妈妈几句话不和，就生气地摔门而出。她冲动地跑出家门，才发现自己穿着拖鞋，身上也没有带钱和手机。她感到很懊悔，但是为了面子她不愿意此时就回到家里面对妈妈，也担心妈妈因此而嘲笑她，因此她就一个人在街上游荡。

天色越来越晚，女孩又冷又饿，看到路边有一个馄饨摊，女孩情不自禁地走过去。摆摊的是一个非常和蔼的大妈，女孩对大妈说："大妈，我忘记带钱了，我可以先吃一碗馄饨，改天再送钱给你吗？"看到女孩眼睛红肿的样子，再看看女孩穿着拖鞋，大妈猜想女孩一定是和家里闹矛盾了，就对女孩说："没关系，吃吧，我马上就给你煮。"大妈

119

煮了一大碗馄饨给女孩，女孩感激地看着大妈，忍不住掉下泪来。她对大妈说："大妈，你真好。"言罢，女孩狼吞虎咽地吃光馄饨，再三感谢大妈。大妈看到女孩吃饱后，心情似乎也好起来，对女孩说："我只给了你一碗馄饨吃，你就说我好。你是不是跟妈妈闹矛盾了？你要想一想，在你成长的这十几年时间里，妈妈给你做了多少好吃的，才把你养得又高又壮、漂漂亮亮的。就算妈妈说错了什么，你也应该知道妈妈是为了你好，对吗？快点回家吧，天色已经晚了，你的妈妈肯定非常担心。"在大妈的提醒下，女孩忍不住哭起来，她想到，自己生病的时候，是妈妈背着她去医院，自己难受的时候，是妈妈整夜地陪着自己。不管什么时候，只要自己有需要，妈妈总是第一时间出现在身边。女孩再次谢过大妈，赶紧往家里走去。才走到家附近的小巷子口，她就看到妈妈熟悉的身影，原来，妈妈一直站在那里等着她回家呢！女孩飞奔过去，扑到妈妈怀里，对妈妈说："妈妈，我爱你！"

越是亲近的人，越是容易互相伤害，这是因为亲近的人彼此了解，也彼此重视，所以一个人的一言一行都会牵动另一个人的心。女孩在进入青春期之后，情绪一定会时常陷入冲动之中，对此，女孩要有意识地控制好自己的情绪，尤其是不要和妈妈发生各种争执。正如事例中卖馄饨的大妈所说的，妈妈是这个世界上最爱女孩的人，她所做的一切都是为了女孩好，十几年如一日地给女孩做美味的食物，只是想让女孩吃得更多一些，长得更加健康。既然如此，女孩还有什么理由在妈妈面前任性妄为呢？就算妈妈有什么错误，女孩也应该宽容妈妈，当然，更多的时候，妈妈是在以过来人的身份指导女孩。只要女孩不带着情绪去与妈妈相处，就会发现妈妈所说的其实很有道理。

作为父母，我们对待青春期的女孩和对待年幼的女童的态度应该是截然不同的。毕竟,在幼儿阶段,女孩会非常依赖妈妈,也愿意接受妈妈的意见和建议。但是,进入青春期后,女孩不断成长,在身材上看起来已经和妈妈很相似,但是她们内心还是非常稚嫩的。为了与女孩沟通,妈妈要尽量倾听女孩的倾诉,也要以尊重女孩的态度打开女孩的心扉。要知道,孩子虽然因为父母来到这个世界上,但是他们并不是父母的附属品,也不是父母的私有物。父母唯有以尊重和平等的姿态对待女孩,才能够得到女孩的真心相对。在日常生活中,妈妈还应该引导女孩拥有良好的情绪,这样女孩才能够保持心态稳定。否则,若女孩常常因为一点点小事情就爆发激动的情绪,她们的自我控制力就会越来越弱。

爸妈有话说:

孩子,你长大了,有自己的想法和主见。爸爸妈妈希望,在意见有分歧的时候,你能够认真地向爸妈倾诉,爸妈也会用心地倾听。只要沟通到位,我们一定能够彼此理解和宽容,也会找到最好的解决方法。记住,爸妈永远是爱你的,爸妈希望你幸福快乐,健康成长。

不要假装幼稚或者成熟

在人生的每个阶段,孩子都应该呈现出本该有的样子,例如,在幼年阶段,孩子应该是天真活泼的;在儿童时期,孩子应该是富有活力的,而且对于外部的世界充满好奇。在青春期阶段,女孩应该清纯而又美丽,有着纯洁的心思,也有着端正的人生态度。女孩无须想得太复杂,也不需要假装成熟。遗憾的是,现代社会,有很多女孩受到社会上不良风气的影响,总是故作成熟或者幼稚。例如,很多已经长大成人的女孩会假扮萝莉,也有一些还处于青春期阶段的女孩会故作成熟,不得不说,这对于女孩的成长都是不好的。其实,女孩只要表现出自己最本真的样子,就可以成就最好的自己。

有一些妈妈爱女心切,总是希望把女孩打扮得非常漂亮,殊不知,很多成人风格的打扮并不适合女孩。妈妈在给女孩选购衣服的时候,要选购那些符合女孩年龄特点的衣服,例如,给青春期女孩选择衣服时一定要选棉质舒适、简洁大方的衣服,不要选那些非常时尚新颖的款式,否则就会在不知不觉间影响女孩的心态,导致女孩的内心变得浮躁,不能静下心来学习和成长,反而梦想着自己可以早点走向社会,展示自己的美丽。其实,青春期女孩的美丽是稚嫩的美丽,她们心智发育还不够成熟,也没有足够的能力保护自己,这种早熟的状态会使女孩受到社会上闲杂人等的引诱,而女孩不知不觉就上钩,导致女孩的成长误入歧途。所以,妈妈即便爱女心切,也不要迫不及待地把女孩打扮成成熟的姿态。

很多女孩内心非常矛盾,她们一方面希望自己快快长大,另外一方面又希望自己永远也长不大,尤其是在现代社会竞争激烈的情况下,很多女孩都害怕长大之后不能够适应激烈竞争的社会,也担心独立生存会很艰难,所以陷入进退两难的境遇——既想长大,又担心长大之后要面对这个纷繁复杂的社会。其实,没有人能够阻挡女孩成长的脚步,不管是父母还是女孩,都要遵循生命的节奏,让女孩不断地成长和进步。

在与女孩相处的过程中,妈妈是对女孩儿影响最大的人,因而妈妈要成为女孩最好的榜样,不要在女孩面前浓妆艳抹,也不要在女孩面前抱怨人生、抱怨社会,只有让女孩对未来保持积极的态度,女孩才能健康快乐地成长。

每个女孩在成长过程中都会遇到各种各样的问题,与其逃避问题,不如勇敢面对。人生中,只有真正的强者才能驾驭自己的命运。妈妈要培养女孩独立思考的能力,引导女孩儿独自思考,在遇到问题时,让女孩依靠自身的力量去解决问题。也许女孩一开始做得不会很好,但是,只要循序渐进,每一次都有进步,她最终会成为生活的强者,生存能力会大大增强。

作为父母,我们不要过度地保护女孩,因为,在过度地保护之下,女孩很容易与社会脱节。这样一来,当她们从家庭的保护伞之下、从学校的象牙塔之中进入残酷的社会时,难免会产生各种不适应的反应。实际上,女孩不应该生活在真空的环境中,而应该见识到社会生活的残酷和竞争的激烈,这样她们才能循序渐进地看清社会现实,才可以有意识地努力提升自己的思想认知和能力,从而更加适应社会。

父母即使把女孩当成真正的小公主,也不可能保护和庇佑女孩一辈子。随着不断地成长,女孩终究需要独自面对人生,与其等到女孩面对人生手足无措的时候再反思教育的缺失,不如现在就开始引导女孩勇敢地面对生活,这对于女孩的成长具有至关重要的意义。

爸妈有话说:

孩子,你长大了,但是你还没有真正成熟。你只需要做符合你年龄特点的事情就可以了,不需要为了迎合别人而故意假装小萝莉,或者为了得到别人的认可而故作成熟。记住,你最天然的样子,就是你最美好的样子。在爸爸妈妈眼中,你永远是最优秀的。

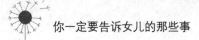

当女孩也不要小心眼

很多女孩都有小心眼的毛病，正因为如此，人们才会说女人心海底针。其实，不仅成熟的女性会表现出小心眼的毛病，在成长的过程中，女孩也常常会因为他人的错误而对他人耿耿于怀，这也是小心眼的表现。当然，女孩要认识到自己的这个缺点，要知道，年幼的女孩表现出小心眼，也许会被称作小可爱；但是，随着不断地成长，如果女孩依然对他人斤斤计较，不愿意宽容和理解他人，那么女孩就会遭到别人的厌恶和唾弃。明智的女孩会有的放矢地改掉小心眼的坏习惯，让自己趋于完美，拥有宽广的胸怀，因为这样才能理解和宽容他人，才能与他人建立和维护良好的关系，成为真正受人欢迎的社交达人。

在人生之中，每个人都会经历很多事情，每个人也会拥有各种各样的东西。如果因为一些不值一提的小东西或不值得记住的事情而扰乱自己的心绪，那么最终受到伤害的将是自己。心的容量终究是有限的，如果用自己的心去装那些琐碎的小事，那么无形中就会忽略那些有价值、有意义的大事。因此，女孩一定不要只盯着细节之处看，很多时候，在大是大非面前，顾全大局才是最重要的。

此外，在人际交往的过程中，女孩还应该理解和宽容他人，如果对他人总是斤斤计较、睚眦必报，那么他人就会陷入对女孩的误解嫌弃之中，也会渐渐地疏远女孩，不愿意与女孩继续相处。

曾经，有两个好朋友一起结伴去旅行。在漫无边际的沙漠里，甲犯了一个错误，乙狠狠地打了甲一巴掌。甲在一处沙地上写道：今天，我犯错了，乙打了我一个大耳光。后来，甲和乙终于来到绿洲的湖边，已经很久没有洗澡的他们迫不及待地跳进湖里，自由地游来游去。正在这

第 07 章 情商高人缘好：好人缘女孩与自私任性说再见

个时候，甲突然脚抽筋了，眼看他马上就要坠落湖底，乙奋不顾身地游过去，把甲救了上来。甲清醒过来之后，休息片刻，恢复了体力，他马上找了一处坚硬的岩石，刻下：今天，乙救了我一命。看到甲这样的表现，乙很不理解地问："甲，你为什么之前把字写在沙滩上，现在却要把字刻到石头上呢？"

甲笑起来，说："之前被你打了一巴掌，我把它写在沙滩上，等到一阵风吹过，这些字就不复存在，我的心也不会记得这一件小事。但是今天你救了我，我的生命是你再给的，如果没有你，我现在早就一命呜呼了，我把它刻在石头上，让它历经千年而不变，这件事也会永远地刻在我的心里。我会记住，你永远是我的救命恩人。"听到甲的话，乙非常感动，他对甲说："我们要做一辈子的好朋友！"

甲把乙打他的事情写在沙地上，这样一来，只消一阵风吹过，抱怨就会烟消云散；他把对乙的感激刻在石头上，这样一来，他对乙的感激就会永远存在。不得不说，甲是一个很懂得与朋友相处之道的人，他从不小心眼，选择遗忘对乙的仇恨，而始终牢记对乙的感激，这必然让他与乙之间的情谊越来越深厚，也会让他成为乙一辈子的好朋友。

人的心是一个有限的容器，如果里面装满了感恩，就没有空间去装仇恨。女孩在与他人相处的过程中，一定要多多记得他人的好处，感恩他人的付出，而不要总是记住他人做得不对的地方，或者因为小小的瑕疵就对他人心存芥蒂。从本质上而言，每个人都有自己的优势和长处，在人们相处的过程中，作为不同的生命个体，彼此之间一定会产生摩擦和碰撞。要想建立和维护与他人的友谊，就一定要有包容的态度，而不要总是对他人的不足斤斤计较。当然，这样的包容是有原则的，如果对方是在恶意伤害你，或者故意挑拨离间，那么你就可以远离他，因为这样的人根本不配做你的朋友。

有话说：

孩子，在你不断地成长，在生命的历程中，一定会结识更多的人，也会经历更多的事。记住，你要把心眼放得更加开阔一些，这样才会忘记那些不值得记住的事情，而牢牢记住生命中最值得珍惜的馈赠。所谓送人玫瑰，手有余香，你应宽容他人、帮助他人、理解他人，这样一来，你也会得到他人同样的对待。

勇敢地接受批评

每个人都有趋利避害的本能，不仅成人如此，孩子也是如此，不仅男孩如此，女孩也是如此。很多女孩都喜欢听到别人的认可和赞赏，而不愿意被他人批评和否定，但是，在这个世界上，没有人是永远不会犯错的。作为普通人，每个人都会犯错误。既然如此，女孩一定要乐于接受批评，如此才能在成长的道路上不断前进。

从人际关系的角度来看，那些用心批评我们、给我们指出错误的人，才是真正对我们好的人。就像父母会常常批评我们，为我们指出错误，因为父母是这个世界上最真心为我们好，并希望看到我们不断进步的人。相反，怀有敌意的人则很少会批评我们，因为他们知道，在批评和否定之下，我们会意识到自己的错误，从而有的放矢地提升和改进自己，取得巨大的进步，这恰恰是他们最不愿意看到的。

虽然理性上女孩都知道批评是良言，但是，真正面对批评的时候，

第07章　情商高人缘好：好人缘女孩与自私任性说再见

还是有很多女孩会马上怒形于色。这是因为批评的话总是不那么好听，与这些话相比，女孩当然更愿意听到赞美。赞美的话可以暂时麻痹女孩，让女孩误以为自己真的如同别人所说的那样优秀和出类拔萃。基于这样的心理，父母在和女孩沟通的时候，要讲究批评的方式，不要总是生硬地批评女孩，导致女孩在成长过程中受到内心的伤害。要记住，唯有以恰到好处的方式批评女孩，让女孩得到进步，这样的批评才是卓有成效的。

乐乐是一个非常努力上进的女孩，但是她也有一个很严重的缺点，那就是她不喜欢被人批评。一直以来，乐乐写的文章文采斐然，她的作文经常被老师当作范文在课堂上朗读。有一次，同桌听完乐乐的作文之后，忍不住对乐乐说："乐乐，我觉得你的作文有一种为赋新词强说愁的感觉，似乎缺乏真实的感受和情感。"听到同桌的话，乐乐当即变了脸色，她劈头盖脸地对同桌说："你有什么资格批评我呀，你的作文还没有被老师读过呢！你先还是向我学习吧，等到你的作文水平超过我的时候，再来批评我！"

这样一番抢白让同桌非常生气，白了她一眼，好几天都没有和乐乐说话。回到家里，乐乐把同桌的话告诉妈妈，妈妈对乐乐说："乐乐，你误解你的同桌了。你的同桌之所以给你提出作文的不足之处，是希望你能进步。如果现在你的同桌是你的对手，和你是非常激烈的竞争关系，那么你觉得她会在发现你作文的不足之后告诉你吗？她只会暗暗偷笑，希望你作文的不足越来越多，这样她才能超过你。"听了妈妈的话，乐乐觉得很有道理，后来她主动和同桌和解，真诚地向同桌表示了感谢。

妈妈说得很对，批评我们的人是为了给我们指出错误，让我们能够努力进取，所以，女孩在面对他人的批评时，一定要端正心态，不能因为他人的批评就马上与他人反目成仇。记住，真正关心我们的人希望我们不断成长和进步。有很多伟大的人为了让自己持续进步，常常希望听到身边有不同的声音，如历史上著名的皇帝唐太宗李世民，他之所以能够开创"贞观之治"的盛世，就是因为他有一个忠心耿耿的谏臣——魏徵。魏徵从来不畏惧皇帝的威严，总是无所畏惧地向皇帝提出自己的建议。李世民也是一个非常开明的君主，在得到魏徵的建议之后，他总是能够慎重对待，当即改正。在魏徵去世之后，李世民悲痛地说："我失去了一面镜子！"

就连李世民都需要魏徵给他提醒和批评，更何况是普通人呢？每一个女孩都要乐于接受批评，要正确对待批评，更要真心地感谢那些提出批评的人，这样才能够在成长的道路上保持进步，才能够在未来取得更大的成就。

爸妈有话说：

孩子，在成长的过程中，也许你常常会被批评，对此，你要记住，每一个批评你的人都是真正关心你的人，他们是希望你能够得到进步，才会去批评和提醒你。对于你而言，每一次批评都意味着一次进步的机会，当然，前提是你要能够虚心接受别人的批评和建议，也能够当即改正和完善自己，这样你才能保持进步的姿态，成就更加美好的自己。

第08章
勤学习有追求：独立的女孩才有追求幸福的能力

现代社会，孩子学习的压力非常大，因为整个社会都处于激烈的竞争状态，所以父母常常会在不知不觉中把压力转加到孩子身上。为了保证孩子将来能获得更好的生活，父母不得不未雨绸缪，乃至陷入教育焦虑的状态。在孩子很小的时候，父母就严重压缩孩子童年的时光，以便让孩子有更加充足的时间努力学习。其实，如果孩子能够调整好心态，不抵触和排斥学习，而是把学习当成一件理所当然的事情，并从中感受到乐趣，那么他们就可以从厌恶学习的糟糕状态中摆脱出来，做到乐学好学。

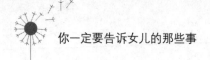

女孩要掌握知识和技能，才能独立

在每个人唯有靠着真才实学才能为自己代言的时代，女孩也不再是无才便是德，而是要掌握知识，才能够成为真正独立的女性，才有能力去追求属于自己的幸福，创造属于自己的充实而又精彩的人生。

每个孩子从呱呱坠地时就开始学习和模仿，对于孩子而言，模仿就是一种学习。通过模仿，孩子学会用手做各种灵活的动作。当然，随着不断地成长，孩子的学习绝不限于课堂上的知识，在日常生活中，孩子也依然要保持不断学习的好习惯。除了要阅读课本之外，孩子更应该扩大知识面，坚持在书籍的海洋里遨游，在生活中处处留心，这样才能让内心变得更加充实，让眼界变得更加开阔。

作为父母，在引导女孩学习的时候，我们千万不要误导女孩，也不要让女孩错误地认为牢牢记住书本上的知识就能考出好成绩。课堂上的学习对于孩子的成长固然重要，但是，孩子的成长需要更多的养分，也需要开阔的眼界和丰富的心灵。

一直以来，果果都是爸爸妈妈眼中的乖乖女。每次提起果果，爸爸妈妈都会骄傲地向人介绍：果果非常勤奋，学习方面很省心，每次考试都能考全班第一。在学习的过程中，果果的确有很强的主动性，不需要爸爸妈妈反复督促她。这样一来，爸爸妈妈就可以放心地做自己的事

第 08 章　勤学习有追求：独立的女孩才有追求幸福的能力

情，因为他们相信，果果会把该做的事情做好，也相信果果会在学习上有突出的表现。

周末妈妈要加班，所以把果果也带去单位。中午休息的时候，同事们都在讨论嫦娥四号升空的事情，这个时候果果突然困惑地问妈妈："妈妈，嫦娥不是神话中的人物吗？她根本不存在，难道她真的飞到月亮上了吗？"听到果果的话，同事们都情不自禁地笑起来，妈妈则感到非常丢脸。事情发生之后，妈妈才意识到，虽然果果学习成绩很好，但是她的阅读量很小，是典型的死读书，从来不会主动关注社会上的事情。因此，妈妈开始有意识地引导果果关心身边的事、关心国家的新闻，并引导果果阅读更多课外书籍。

两耳不闻窗外事，一心只读圣贤书，这在现代社会是行不通的。每个人都是社会生活的一员，都应该关注自己身边的人和事，也要在资讯传递及时的情况下了解更多的新闻资讯。眼界开阔的女性会更加自信，与书香相伴的女性，在气质方面会发生根本性的改变，也会让自己的待人接物变得与众不同。

很多父母以为，如果女孩参加太多的课外活动，比如花费大量的时间来阅读课外书籍，一定会影响学习。实际上，这样的想法是错的，对于女孩来说，阅读丰富的课外书籍，可以让女孩的心灵更加充实，也可以让女孩的眼界更加开阔。要知道，女孩的学习绝不仅仅限于学校的书本内容，也包括增大阅读量、具有时尚的观念。要想成为独立的女性，女孩就一定要有自己的思想和灵魂。多读书可以让女孩足不出户就走遍世界，也可以让女孩博古通今，与伟大人物进行灵魂的交流。在此过程中，女该更加独立自主，也将知道自己究竟想要怎样的生活。

现代社会要求每个人都要活到老学到老，保持端正的学习态度和良好习惯，随时随地学习。知识能够改变命运，对于女孩而言，这句话更有深刻的道理。尤其是在家庭生活中，一个有思想、有主见的女性，会对整个家庭的生活都产生巨大的影响，也会在子女教育方面作出杰出的贡献。女性要求得到的平等的地位，并不是别人给的，而是需要通过自身的努力才能得到的。

爸妈有话说：

生活在现代社会是你的幸福，因为你有很多的书籍可以阅读，你也有很多其他的途径来开阔眼界。记住，要想成为独立的女性，你必须自立自强，不要把希望寄托在他人的身上，而应通过自身的努力把自己的事情做到最好。

不要被考试驱使

现代社会，几乎所有父母都陷入了教育焦虑的状态，每当提及孩子的学习成绩，孩子成绩好的家长会变得非常亢奋，扬扬得意地说起孩子考试在班级里排第几名，孩子成绩相对差一点的家长就变得非常悲观沮丧，觉得孩子学习不好都是他们的错，他们甚至在人面前都抬不起头来。实际上，父母这样的状态很不好，也会给孩子带来负面的影响。虽然学习成绩很重要，但它并非孩子成长唯一的标杆，毕竟孩子在学习方面的天赋是不同的。有的孩子天生就擅长学习，有的孩子却不管怎么努力也无法在学习方面取得出类拔萃的成绩。对于后者，父母一定要端正心态，接受孩子的天赋，而不要始终盼望孩子能够成为同龄人之中的佼

第08章 勤学习有追求：独立的女孩才有追求幸福的能力

佼者。

在很多学校里，每当到了考试的时候，父母总是显得比孩子更加紧张，他们通宵达旦地盯着孩子复习，总是揪着一个错题对孩子反复讲解。在这样的情况下，孩子休息不好，变得越来越紧张，考试的时候发挥失常，导致考试成绩很差。面对孩子糟糕的成绩，父母难免会对孩子大发雷霆，这样一来，孩子与父母之间的关系就陷入恶性循环之中。作为父母，我们一定要对孩子的成绩持正确的态度，不要让孩子误以为父母只关心成绩，以致对父母关闭心扉。

很多父母一碰面就说起孩子的成绩，有的父母甚至对于孩子考第二名或者第三名的好成绩也感到不满足，往往奢望孩子能够永远保持稳坐第一的成绩。实际上，这对于孩子而言往往很难实现，因为孩子的能力发展水平处于不断的变化之中，有的时候，孩子对于特定的知识内容掌握得好，就可以考取好成绩；有的时候，孩子对特定的知识内容掌握得不好，就难免会出现一定的纰漏。所以，父母要学会接受孩子的成绩会在正常范围内波动的事实，而不要总是强求孩子考取第一。如果父母对孩子提出过于苛刻的要求，就会增加孩子的压力，导致孩子对考试心生畏惧。不得不说，这对于培养孩子的学习兴趣是极其不利的。

果果的学习成绩在班级里始终名列前茅，但是妈妈对于果果的成绩并不感到非常满意。在这次期中考试中，果果考取了全班第三的好成绩。她兴奋地拿着成绩单回家向妈妈报喜，而妈妈却很不满足地嗔怪："你只考了个第三，有什么好高兴的！你要是每次都能考第一，妈妈才以你为骄傲呢！"听了妈妈的话，原本神采奕奕的果果神情马上黯淡下来，她心里说：妈妈每次都要求我考第一，简直是为难人！

后来，在考试之后，果果很少再把成绩单拿给妈妈看，只有妈妈主动向她要的时候,她才会把成绩单展示出来。对于妈妈表现出的不满,她也很少作出回应。有一次,果果真的考了第一,妈妈兴高采烈地表扬果果,果果却表现得很平静,她对妈妈说:"我这次考了第一,你以后更会要求我每次都考第一,这简直是一场灾难!"

父母为什么喜欢孩子考第一呢?因为父母的虚荣心很强,希望孩子超过所有的同龄人。实际上,对于孩子来说,人生才刚刚开始,他们的同学只是出现在他们生命中较早的竞争对手,而且同学之间的竞争并没有那么激烈。在不断的成长之后,孩子进入社会,会面临更多强大的竞争对手,因而父母不应该着力培养孩子每次都要考第一的观念。如果孩子也和父母一样要求自己每次必须考第一,那么他们达不到要求时就会受到深重的打击,导致信心全无。

女孩之所以要学习,并不只是为了考取第一。对于女孩而言,学会如何学习,掌握学习的方式方法,并学会如何应对艰巨的学习任务,这才是最重要的。人生是漫长的,目前的学习阶段只是人生的初步阶段,女孩未来还要面对人生之中更多的问题。即便是很多人都非常重视的高考,也并不能完全决定女孩的一生。

爸妈有话说:

尽管现代社会竞争非常激烈,但考试只是人生路途上的一种经历。对于每个人而言,考试并不能决定人生和未来,在走入社会之后,每个人都要面临各种比考试更加残酷的竞争,这时候你就会发现,人不能当考试的奴隶,而要当学习的主宰。

天才也必须非常努力，才能成就自己

常言道，笨鸟先飞。笨鸟为什么能先飞？因为笨鸟知道自己很笨，为了让自己能够略微领先，有足够的差距去抵消落后于人的地方，它们不得不采取先发制人的方式成长和进步。在学习的过程中，女孩也应该采取笨鸟先飞的方式，这样才能为自己赚取更大的优势，才能让自己在学习的过程中更加积极主动。

不可否认的是，这个世界上的确是有天才存在的，他们在学习方面有独特的天赋，因而往往能够在特殊的领域里取得惊人的成绩。但是这样的天才少之又少，大多数孩子都是普普通通的，他们的成就都需要靠一点一滴的努力才能争取得来。换而言之，就算是那些天赋异禀的孩子，如果在成长的过程中从来不努力，总是放松和懈怠，渐渐地，他们天才的光芒也会被磨灭，才华也会变得平庸。所以说，天才也必须非常努力，才能成就自己，否则就会变成庸才。而原本就很平凡的孩子，就更需要非常地努力，才能够让自己脱颖而出。

著名的科学家和发明大王爱迪生曾经说过，这个世界上并没有真正的天才，所谓的成功，是百分之九十九的努力，再加上百分之一的天才，才能够铸就的。由此可见，在成功的道路上，天才的天赋只起很小的作用，而努力则起到绝大部分的作用。在学习的时候，女孩也许会感到非常吃力，此时，女孩千万不要放弃，因为这是每个人都会遇到的情况。这个世界上从来没有一蹴而就的成功，也没有天上掉馅饼的好事情，女孩只有认识到这个真理，才能够凭着坚持不懈的努力获得更大的进步。

坚持和毅力是每个人获得成功必须具备的品质，早在小学的语文课本上，我们就曾经读过"铁杵磨成针"的故事。诗仙李白小时候总是逃学，有一天，他逃学来到小溪边，看到有一个老奶奶正在拿着一根铁棒在打磨。李白困惑地问老奶奶："老奶奶，你在做什么？"老奶奶告诉他："我想把这根铁棒磨成一根绣花针！"李白惊讶极了："铁棒那么粗，绣花针那么细小，如何才能把铁棒变成绣花针呢？"老奶奶似乎看透了李白的心思，告诉李白："只要坚持下去，总有一天能把铁棒磨成绣花针！"这告诉我们，世界上很多伟大的奇迹都是通过坚持不懈的努力创造出来的。

心理学家经过研究发现，大多数人在先天的条件方面并没有太大的区别，而有的人之所以能够成就伟大的事业，有的人却总是与失败纠缠不休，就是因为他们面对挫折的态度截然不同。那些总是失败的人，一旦遭遇小小挫折就会放弃；而那些能够获得成功的人，越是在失败面前，越是鼓起勇气不断尝试、坚持不懈，不到最后时刻绝不放松，正是因为这样的精神，他们才能够获得成功。

伟大的发明家爱迪生在发明电灯的时候，为了找到合适的材料做灯丝，尝试了一千多种材料，进行了七千多次实验。有一次，在实验失败之后，助手感到非常沮丧："这样继续下去，哪一天才能找到合适的材料当灯丝呢？"爱迪生安慰助理："这次试验失败至少告诉我们哪一种材料不适合当灯丝。"得到爱迪生的鼓励，助手才鼓起勇气继续辅助爱迪生进行实验。最终，爱迪生发明了电灯，让整个人类世界都进入用电照明的状态。

爸妈有话说：

没有人的成长是一蹴而就的。原本就才华平庸的女孩，更应该加倍

第 08 章　勤学习有追求：独立的女孩才有追求幸福的能力

努力，从而为人生增光添彩。实际上，与其说是天赋改变了命运，不如说是勤奋提升了人的天赋。生活中，很多人对于女孩的智力发育有一定的误解，他们觉得女孩在小学阶段会表现得更加出色，而等到初高中阶段，女孩就会逊色于男孩。实际上这样的差别并不存在，也没有事实的依据。和男孩相比，女孩甚至在某些方面有更加显著的优势，例如，女孩做事非常认真仔细。如果女孩能够发挥自身的优点，再加上勤奋好学的精神，一定会有杰出的表现。

为了自己而努力学习

近年来，很多父母都陷入教育焦虑的状态，他们对孩子寄予过高的期望，并对孩子提出太高的要求，导致孩子在学习方面承受了巨大的压力。其实，父母这样的做法完全是本末倒置。对于孩子来说，学习有两种动力，一种是内部驱动力，一种是外部驱动力。那么，到底是外部驱动力对孩子的影响更加持久，还是内部驱动力对孩子的作用更加明显呢？显而易见，只有内部驱动力才能够给孩子提供源源不断的动力，让孩子在学习方面端正态度，有正确的思想认识。这样一来，他们才能够努力向前，绝不懈怠。

父母不应以物质诱惑来激励女孩学习，否则就会导致女孩的内部驱动力渐渐消失，而不得不依靠外部驱动力来促使自己坚持学习。然而，学习是一个漫长的过程，甚至要花费一生的时间，因此女孩一定要真正意识到学习的目的和意义，这样才能够在学习上更好地坚持和努力。

很多西方儿童教育专家都提出，不要对孩子的学习给予太多的物质和金钱奖励，否则就会导致在孩子在学习方面过分依赖外部的刺激，而丧失了自身的动力。作为父母，我们对女孩的学习一定要怀有理性的认知和态度，父母固然要及时认可和鼓励孩子，但是也要注意不能总是给予孩子太大的压力，更不能试图以各种外部的方式来刺激孩子坚持学习。要想让孩子拥有持久的学习动力、在学习上有更好的表现，就要激发孩子的内部驱动力。

为了督促婷婷学习，妈妈经常在婷婷取得好成绩之后给婷婷一定的物质奖励。有的时候，妈妈带婷婷去必胜客吃披萨，有的时候，妈妈给婷婷发一个大红包，有的时候，妈妈允许婷婷买一件心仪已久的礼物。在这样的情况下，婷婷对学习的积极性和热情都有所提升。然而，时间久了，婷婷的态度出现了一个问题。

有一天，婷婷在月考之中又获得了好成绩，她拿着成绩单回家给妈妈看。妈妈看完之后只是很高兴地夸奖婷婷："婷婷，真棒！学习成绩越来越好，将来一定能够考上名牌大学。"说完之后，妈妈就忙着做饭，婷婷却感到很不高兴，独自坐在沙发上生气。妈妈喊婷婷吃饭的时候，才发现婷婷脸色不对，因而纳闷地问婷婷："你这是怎么了？"婷婷对妈妈说："你还问我怎么了，你为什么不给我奖励呢？每次不是都是有奖励吗，我还想这次来一个iPad呢！"听到婷婷这么说，妈妈为难地说："这个月爸爸下岗了，家里的经济情况很紧张，妈妈暂时没有钱给你买礼物。你要知道，学习是你自己的事情啊，不是为了奖励才学的。"

婷婷马上对妈妈的话表示反驳："学习可不是我自己的事情，我就是为了让你们高兴才这么努力学习的，不然我干嘛要这么用功呢！既然没有礼物，那我以后在学习上可就不能保证取得好成绩了！"听了婷婷的话，妈妈感到很懊恼。

第08章 勤学习有追求：独立的女孩才有追求幸福的能力

若父母总是给予孩子丰富的物质奖励，会导致孩子原本拥有的内部驱动力渐渐消失，而必须依靠外部的刺激才能够更好地成长起来。对于女孩而言，任何时候，学习都是自己的事情，是为了自己的成长和进步，从而拥有美好的未来。但是，当爸爸妈妈对她的学习慷慨地给予大量物质奖励时，孩子难免会觉得学习是为了取悦父母。

对于每个人而言，学习都是自己的事情，父母要想引导孩子拥有强烈的学习内驱力，就不要总是逼迫孩子学习，也不要总是以物质奖励的方式诱惑孩子学习。首先，父母要帮助孩子端正学习的意识和态度，这样孩子才能积极主动地学习。其次，父母还应该给孩子创造更好的成长环境，在孩子取得优秀学习成绩的时候给予孩子精神上的奖励，这样孩子才会保持内部驱动力。总而言之，孩子的学习目的应该是很纯粹的，学习动机也应该是非常正确端正的，作为父母，我们要告诉女孩学习对于人生的意义，这样女孩才会更加热情地对待学习。

爸妈有话说：

孩子，学习是每个人都应该做的事情。从呱呱坠地开始，每个小小的生命就开始了学习的历程。即使有一天你大学毕业走向社会，成为一个真正意义上的社会人，也要坚持学习，这样你才能够适应瞬息万变的社会，才能以与时俱进的节奏不断成长和进步。

正确对待女孩抄作业的现象

很多父母都感受过，当孩子上了小学之后，整个家庭的生活都会变得鸡飞狗跳，这是因为父母把对孩子关注的重心都放在了学习上。因为望子成龙、望女成凤心切，所以父母根本无法有效调整心态，更无法以正确的方式帮助孩子们。在这样的情况下，孩子们常常会陷入困境之中，也总是感到无可奈何。

父母与孩子之间的矛盾，很多都是因为学习而起。除了考试成绩不好的原因之外，日常生活中，父母常常因为孩子不能及时完成学校的作业，或者在完成作业的时候三心二意，导致作业的质量非常低，以致与孩子发生争执和矛盾。明智的父母会采取积极有效的方式给予孩子更好的指导，从而帮助孩子健康快乐地成长。

除了让孩子端正态度之外，父母要想让孩子全心全意、认真细致地完成作业，就应该给孩子留出充足的时间完成作业。现代社会，有很多父母都会不由分说地给孩子报很多课外班、兴趣班、特长班。在这些课程的间隙里穿行，孩子基本没有属于自己的时间，就连完成学校作业的时间也被极度压缩，可想而知，孩子作业完成的质量必然会很差。其实，父母这样的行为完全是本末倒置，因为，对学龄阶段的孩子而言，学校教育才是根本，给孩子报各种课外班，只是为了发展孩子的特长，而不能够舍本逐末，将其作为取代学校教育的另一种教育方式。

随着年龄的不断增长，孩子也升入更高的年级，在这种情况下，他们更不会那么轻松自如，而是会面临更加繁重的作业。为了应付这些作业，孩子不得不想出一些违规的方式，例如，有的孩子会抄袭其他同学的作业。毕竟，当面对一道难度很大的题时，如果依靠自己去想出答案，往往需要大量时间；而如果抄别人的作业，也许只需要三五分钟的时间就能完成。毫无疑问，这样做会节省大量的时间，却并不是对于学习该有的态度。当发现孩子抄袭作业的时候，父母难免大发雷霆，在这

第 08 章 勤学习有追求：独立的女孩才有追求幸福的能力

种情况下，父母要反思孩子出现这种情况的原因，而不要一味地责备和批评孩子。

从本质上而言，孩子想要通过抄作业的方式完成作业，至少说明孩子还是很看重作业的，也不希望因为作业没有完成而被老师和父母批评。这意味着孩子本心还是很积极的。那么，孩子为何要抄写作业呢？一则是因为孩子的能力不足以解决作业上的难题；二则是因为孩子的时间被大量剥夺，所以他们没有足够的时间去完成有一定难度的习题；三则孩子也许已经习惯于依赖他人，养成了懒于动脑的坏习惯。总而言之，不管孩子出于哪种原因，父母一定要分析出孩子内心真实的状态，这样才能做到有的放矢，正确引导孩子。

父母一定要记住，在发现女孩抄作业的时候，不要马上就不分青红皂白地惩罚女孩，因为，女孩作出一个错误的行为，一定是有原因的。父母如果在忽略孩子心理状态的情况下盲目地惩罚和责骂孩子，就会导致孩子对于学习更加厌恶。只有父母非常用心地帮助孩子解决问题，孩子才会在学习上有更好的表现。

爸妈有话说：

从本质上而言，抄作业是一种偷窃行为，是在窃取别人的思考成果和劳动成果。对于学生而言，抄作业还会导致思维处于松散懈怠的状态，根本不可能在学习上有所进步。你要知道，学习是自己的事情，每个人学到的知识终究属于自己，因此，你遇到不懂的地方，可以求助于老师，如果时间紧张，也可以向爸爸妈妈提出要求，如减少课外班的时间，但千万不要抄袭别人的作业。

任何时候，都不要以笨蛋自居

对女孩而言，最糟糕的事情是什么？不是没有超强的逻辑思维能力，也不是智力水平发育平平，而是被他人评价为愚蠢的人或者是笨蛋。遗憾的是，父母在情绪激动的情况下，很容易对女孩脱口说出这样的话，虽然他们并非故意，只是因为对孩子在学习上的表现感到非常遗憾，但是这样的负面评价会深深地刺伤女孩的心。

不可否认的是，在现实生活中，很多老师、父母都喜欢对女孩进行等级的划分。他们以学习成绩为标准，把孩子分为优等生、普通生、差等生或者落后生。在父母眼中，那些学习表现很差的孩子都是笨蛋级别的孩子，实际上，心理学家经过研究证明，大多数人在先天条件方面并没有明显的区别，之所以有的孩子在学习上有出色的表现，有的孩子在学习上的表现相对滞后，是因为他们对待学习的态度不同，也是因为父母给予他们的教育方式不同。

学习成绩如何，一方面靠天赋，另一方面靠勤奋和努力。对于一个学生而言，要想提升学习成绩，先要抓住课堂上的四十分钟，如果学生在课堂上总是三心二意，那么，一旦错过老师亲自讲解的知识点，再想补上就会很难。课堂上，除了认真听讲，还要及时做笔记，对于老师板书的内容一定要快速记录，作为课后复习所用。

对于那些不懂的问题，女孩一定要积极提问。很多女孩都担心自己私下里去找老师提问问题会让老师感到很厌烦，其实这样的担心完全是多余的。对于老师来说，最希望看到的就是勤学好问的孩子，哪怕孩子提问占用了他们下班的时间，看到孩子求知若渴的眼睛，他们也会非常乐意为孩子解答问题。

第08章　勤学习有追求：独立的女孩才有追求幸福的能力

除了与老师在课堂上的互动和密切配合之外，女孩还要在课后进行深入耕耘，这样才能得到收获。现在，很多女孩在课后会买很多复习资料，也会做大量习题。在此过程中，如果能够把那些做错的习题都改正并掌握，在考试之前进行深入复习，往往能够事半功倍。实际上，考试的目的是检验学习成果，平日里做习题也是在检验学习的效果。对于那些正确的题目，可以一带而过地复习，而对于那些错误的题目，要进行深入的思考和反复的练习，这样才能起到查漏补缺的作用。

很多父母并没有给女孩树立学习的好榜样，他们本身就是低头族，每天都对着手机看，忽略了这样会给女孩造成严重的负面影响。对于父母而言，与其每天对孩子唠叨不止，教育孩子要认真学习，还不如以身示范，给孩子起到最好的榜样作用。例如，父母不如放下手机，积极阅读，从而提升知识层次，增加知识含量，这样一来，孩子也会在父母影响下手不释卷。

几乎每一个父母都望子成龙、望女成凤，但是，父母必须接受一个现实，那就是每个孩子在学习方面的天赋是不同的。父母从一开始对孩子怀有远大的期望，到渐渐地认识到孩子也有自己的不足，是一个需要接受的过程。若父母对女孩的期望过高，就对孩子提出苛刻的要求。那么达不到要求，只会打击女孩的自信心，也会导致女孩对自己越来越失望。

爸妈有话说：

你一定要记住，这个世界上没有人天生就是笨蛋。除了那些智力超群的人之外，大多数人的智力水平都是相当的。你并不是天生不擅长学习，而是因为没有掌握正确的学习方法，爸爸妈妈很愿意和你一起探讨学习的好方法，让它提升你学习的效率，帮助你真正地爱上学习。

假如你不能考上好学校

随着经济的发展，社会的进步，如今上大学并不像之前那样如同千军万马过独木桥。这些年来，很多大学都扩大招生，高考升学率大大提升；然而，尽管如此，依然会有人被大学拒之门外。考不上大学的原因是多种多样的，有的人是因为心理素质差，平日里学习成绩很好，但是一到考试的时候就会脑中一片空白；有的人是性格原因，根本静不下心来学习，而只想早点进入社会；还有的人是因为家里的经济条件不好，所以，哪怕考上了大学，也会因为付不起昂贵的学费而不得不选择放弃。不管是出于哪种原因，孩子与大学失之交臂，总是让父母感到遗憾的。残酷的现实决定了未必每个孩子都能上大学，因此，女孩和父母必须作好心理准备：如果考不上大学怎么办？

很多父母认为女孩一生之中唯一的出路就在于上大学，而一旦与大学失之交臂，女孩的一生也将彻底毁灭。实际上，父母的这种想法是不正确的，因为在现代社会有很多方式可以让女孩成就人生，而并非只有考大学这一条路可以走。比如孩子真的非常喜欢学习，那么，即使错过读大学的机会，也可以通过函授或者自考等方式来取得大学文凭，这都是非常灵活的。因此，父母千万不要对女孩灌输只有上大学这一条人生之路这种思想，否则就会把女孩引入歧途，也会导致女孩对于人生失去把握。

现实生活中，女孩并非只有名牌大学毕业人生才有出路，其实，是

第08章　勤学习有追求：独立的女孩才有追求幸福的能力

否考上大学，并不是决定人生的关键因素。对于每个人来说，最终将会拥有怎样的人生，取决于他对人生的态度。前些年曾经有新闻说有北大的毕业生回家去卖猪肉，实际上，北大毕业生卖猪肉听起来让人感到匪夷所思，但是，北大毕业生去卖猪肉，一定会与众不同。反之，也有学校里的保安通过努力而考取大学，成为大学生。总之，很多人即使没有如愿以偿考上大学，在社会生活的历练中，通过自身的努力，也取得了一定的成就。

三百六十行，行行出状元，一个人并非只有考上大学才能获得成功。现代社会，各行各业都有高精尖人才，不管在哪个行业里工作，也不管在什么年纪离开校园，只要坚持终身学习，就可以在自己的工作岗位上做出伟大的成就，也就可以成就人生。

作为父母，我们一定要告诉女孩：人生的路千千万万，条条大路通罗马。任何时候，只要有正确的人生目标，那么女孩总能找到一条实现梦想的路。除了读大学之外，女孩还可以选择学习一项技能，或者做自己感兴趣的事情。当然，要保持终身学习的好习惯，这样才能不断地充实和提升自己，并开拓人生崭新的天地。

爸妈有话说：

人生的路千千万万，从来不只有考大学这一条路。只要你全力以赴在高考中拼搏，即使成绩不够优秀，爸爸妈妈也会为你骄傲。如果你未能升学，爸爸妈妈希望你依然可以鼓起勇气面对人生，希望你依然可以努力向上，把握人生。记住，人生从来不是不可以更改的，也从来没有绝境。最重要的在于，你的心中一定要充满希望和光明。

第 09 章
有爱心懂感恩：善良的女孩自有"福报"

女孩一定要有感恩之心，感恩生命中得到的一切，并怀着善良和好意对待他人。唯有如此，女孩才能成为爱的传播使者，既主动付出爱，也能够收获爱，从而拥有完美的人生。

努力做好自己的事情

因为怕孩子给自己添麻烦，也怕孩子做不好很多事情，很多父母都会情不自禁地全盘包揽孩子的一切事情。在小时候，孩子也许能力有限，必须依赖父母才能生活，但是，随着孩子不断地成长，他们各方面的能力都得以发展，有很多事情都可以自己做。然而此时，即便对于孩子力所能及的事情，父母也总是全权包揽，在这样的过程中，孩子的能力发展很差，甚至出现能力退化的情况。实际上，父母是为了省事，也是自以为对孩子好，却不知道这是在害孩子，导致孩子缺乏自理能力，无法独立生活。

很多父母都想把女孩当成小公主去宠爱，但是，父母再爱女孩，也不可能永远陪伴在女孩身边，所以，明智的父母不会总是为女孩包揽一切事情，而是会根据女孩的能力不断发展，让女孩力所能及地去做很多事情。也许女孩一开始做得不够好，但是，随着不断地成长，尝试的次数越来越多，女孩各个方面的能力就会逐渐增强，也会做得越来越好。因此，父母一定要相信孩子，也要更加器重孩子，这样孩子才能不断成长。尤其是女孩，将来要面对琐碎的生活，要独立处理好很多事情，父母更要有意识地培养女孩的独立意识和独立能力，这样才能促使女孩茁壮健康地成长。

第 09 章　有爱心懂感恩：善良的女孩自有"福报"

在女孩做力所能及的事情时，父母要及时认可女孩的表现，而不要总是对女孩有过多的挑剔和苛责，否则就会打击女孩的自信心。常言道，好孩子都是夸出来的。如果父母总是否定和批评女孩，就会导致女孩畏手畏脚，不愿意去努力尝试；反之，如果父母总是认可和赞赏女孩，就能给予女孩自信心，让女孩在成长的过程中持续进步，有更好的表现。

作为父母，我们不要抱怨女孩什么事情都不会做，像个娇滴滴的公主一样。如果父母从小就把女孩当成公主养育，那么女孩必然在独立自主的能力上都有所欠缺，无法独立生活。在长大成人之后，女孩必须具有独立生活的能力，才能够支撑起自己的人生，才能够在父母老去的时候照顾父母，否则，父母又有谁可以依赖呢？很多妈妈都抱怨自己是天生的劳碌命，不但要伺候丈夫，还要伺候孩子，没有一天是闲着的。实际上，这不是因为妈妈的命不好，而是因为妈妈太过勤劳，所以在不知不觉之间就让家里人养成了衣来伸手、饭来张口的坏习惯。其实妈妈可以适度"懒惰"，不要全盘包揽家里所有的事情，而是有选择地放下手里的活，让家人分担一些家务。有的妈妈会羡慕别人家的爸爸什么都会做，实际上别人家的爸爸并不是天生什么都会做的，他们也曾经被他们的妈妈宠溺成一个四体不勤、五谷不分的人，结婚之后因为妻子儿女处处依赖他们，他们才勇敢地担起生活的责任，与家人共同支撑起一片天空。由此可见，不管是对丈夫的爱还是对孩子的爱，妈妈都应该适度。父母对女孩的爱一定要适度，尤其是在女孩不断成长之后，父母不妨"懒惰"一些，这样才能够给孩子更多的机会来接受锻炼。

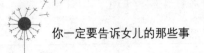有话说：

孩子，爸爸妈妈不可能永远跟在你的身边去照顾你。在小时候，你是爸爸妈妈的公主，我们对你无微不至，但是，随着渐渐长大，你必然要离开爸爸妈妈的保护，独自去面对纷繁复杂的世界。要想在社会上更好地生存，你就要提升自己的能力，也要全力以赴地实现人生的价值。从现在开始，做自己力所能及的事情吧，你最终一定会成为人生的强者！

学会承担起自己的责任

现代社会，很多年轻人都没有责任意识，他们在做事情的时候总是站在自身的立场出发去考虑问题，而很少主动考虑到他人的需求。不得不说，这样的年轻人不但独立生存能力很差，也无法在人际交往和社会生存中为自己赢得一席之地。他们为何不懂得为自己的行为负责任呢？因为他们原本就缺乏责任意识。

如今，很多家庭都只有一个孩子，父母总是情不自禁地把所有的爱与关注都投放到孩子身上。有的家庭是独特的"4-2-1"结构，也就是父母本身也是独生子女，可想而知，在这样结构的家庭里，姥姥姥爷、爷爷奶奶也会把所有的爱倾注到唯一的孙辈身上。对于孙辈而言，他们从小就在优越的环境中成长，衣食无忧，根本不会考虑到他人的需求。尤其是在家里，他们处处依赖父母，不用对任何事情负责当然没有责任意识，在犯了错误之后，也不敢主动承担责任。

第09章 有爱心懂感恩：善良的女孩自有"福报"

父母都觉得孩子还小，所以不会有意识地培养孩子的责任意识。实际上，要想让孩子长大成人之后能够勇敢地承担责任，父母就要从小开始提升孩子的责任感，唯有如此，孩子才能循序渐进，变得越来越勇敢，成为人生的真正的强者。

有一天，妈妈带着菲菲去商场里玩。菲菲从小就特别喜欢陶艺，也喜欢玻璃制品。在一家艺术品展厅里，菲菲目不转睛地看着那些五彩斑斓的玻璃制品和陶瓷制品，沉醉于其中，居然一不小心把身旁的一个玻璃雕塑碰倒了。菲菲受到了惊吓，赶紧看着妈妈，妈妈也看着菲菲，想看看菲菲作何反应。

沉默片刻，菲菲对妈妈说："妈妈，没有人看到。"妈妈感觉到菲菲的紧张，问菲菲："那么，你想怎么做呢？"菲菲压低声音对妈妈说："既然没有人看到，我们就赶紧离开吧，这个东西一定很贵。"妈妈沉默了，菲菲继续说："快走吧，如果再不走，有人来看到我们就走不了了。"妈妈语重心长地对菲菲说："菲菲，虽然没有人看到你把玻璃展品碰倒摔碎，但是你自己知道是你碰倒的，所以你必须承担起责任。"菲菲似乎想哭，说："这一定很贵，我根本没有那么多钱赔偿。"妈妈安抚菲菲："碰倒这个玻璃制品不光是你的责任，还因为妈妈没有对你尽到监护和提醒的义务，所以妈妈的责任比你更大。这个玻璃展品应该价值不菲，妈妈会出一大部分钱，让你出一部小部分钱，你觉得呢？"菲菲还是很心疼自己的钱，她迟迟没有回应妈妈。

妈妈叫来工作人员，工作人员看到妈妈和菲菲主动承认错误并承担责任，在请示领导之后，对妈妈说："领导说这个展品原本价值两千元，不过你们能够主动承担责任，没有逃避，领导非常感动，他说你们只需要赔偿两百元就可以。"听到这样的话，菲菲马上感谢工作人员，妈妈掏出两百元赔偿给工作人员，然后对菲菲说："这两百元里面，你要出五十元钱，这对于我们而言是一个教训，它提醒我们，以后在观看展览的时候，虽然要全心投入，但是也要注意周围的环境。"菲菲立即答应。

回家的路上，妈妈委婉地教导菲菲："菲菲，每个人都要勇敢地承担属于自己的责任，也要为自己的行为负责，而不能因为别人没有看到就想要逃避责任。比如那些交通肇事者，他们就是因为别人没有看到，所以逃逸，导致原本可以救援的伤者失去了宝贵的救援时间，也失去了宝贵的生命。"听了妈妈的话，菲菲陷入沉思，情不自禁地点着头，她觉得妈妈说的很有道理。良久，她对妈妈说："妈妈放心吧，我以后会对自己的行为负责任的。"

妈妈说得很对，一个人的错误行为也许并没有被别人看到，但是他自己是知道的，所以理应对自己的行为负责，而不是一找到机会就逃避责任。记得在网络上的一则新闻中，一个男孩骑自行车上学的路上不小心撞到了一辆停着的宝马车，把宝马的漆刚蹭掉了一小块。为此，男孩用作业本写了一张纸条夹在宝马的雨刮器上，上面写着自己的姓名、所在的学校和班级，也表示愿意承担责任。宝马车主看到字条感动不已，因为根本没有人能够证明车漆是那个男孩儿撞掉的，如果他不承认，宝马车主只能自认倒霉。当然，对于这个勇敢的男孩，宝马车主不想追究责任，而是由衷地对男孩竖起了大拇指，给男孩点赞。

这个世界上看似有很多的强者，但只有真正的强者才能勇敢地承担自己的责任。一个人唯有对自己的行为负责，能够承担起相应的责任，才是值得尊重和敬畏的。女孩虽然很娇弱，但是，当女孩能够主动承担自身责任时，她就会变得无比高大。

第 09 章　有爱心懂感恩：善良的女孩自有"福报"

爸妈有话说：

每个人都会犯错，犯错并不可怕，犯错误之后逃避责任、推脱责任，才是最怯懦的所为。勇敢地为自己的行为负责，勇敢地面对自己的心，并承担起犯错之后的责任，你就是值得钦佩的。

要一诺千金，信守诺言

说话是否算数，在很多亲子关系中，都成为矛盾的由头和争吵的原因。这是因为很多父母在向孩子许诺的时候总是张口就来，说过之后又不能真正对孩子兑现承诺。长此以往，孩子对于父母所说的话就会失去信任，也会认为父母是在欺骗他们。在这种情况下，孩子当然会对父母表示质疑，与此同时，父母在孩子心目中的权威性也会大大下降。

从家庭教育的角度来说，父母要想让女孩守信，自己首先要遵守对孩子的诺言，而不能总是把对女孩答应过的事情轻而易举地抛之脑后。有的时候，父母随随便便说的一句承诺，女孩就会牢牢地记在心里。等到女孩督促父母兑现诺言的时候，父母又会对女孩随便敷衍，这就给孩子做了一个极其糟糕的示范。众所周知，女孩的模仿能力和学习能力都是非常强的，父母每天都和女孩朝夕相处，会对女孩产生巨大的影响力。也有教育专家提出，身教大于言传，这句话告诉我们，作为父母，与其唠唠叨叨地教育女孩，向女孩灌输各种理念和思想，我们不如有意识地为女孩树立积极的榜样，用言行举止切实影响女孩。

在中国古代，有一个叫曾子的人，他非常有才华，而且很讲究诚信。

即使是对于自己的孩子,他也总是坚持说到做到,从来不哄骗孩子。

有一天,曾子的妻子要和邻居一起去赶集,孩子也吵闹着要去。妻子着急出门,无奈只好随口哄骗孩子:"你在家里乖乖等着,妈妈回来后,咱们杀猪吃肉,好不好?"在那个时候,普通人家一年里只有一次吃肉的机会,那就是过年。听说现在就可以吃到香喷喷的猪肉,孩子受到诱惑,当即就答应了妈妈的请求。从妈妈出门之后,他就搬着凳子坐在家门口看着路口,直到日落西山,妈妈还没有回来。曾子回家的时候看到孩子坐在家门口,经过询问得知妻子允诺孩子杀猪吃肉,又看到妻子还没有回来,因此当即进入院子开始磨刀。

正在此时,妻子回到家里,看到曾子在磨刀,妻子问:"你在干嘛呢?"曾子回答:"磨刀杀猪啊!"妻子不由得抱怨曾子:"你这个人怎么把哄孩子的话也当真了呢!我不哄他杀猪吃肉,他就要跟我去赶集,那么远,我怎么带他呢?"曾子一本正经地对妻子说:"你既然跟孩子说出要杀猪吃肉的话,就一定要兑现诺言。否则,你今天哄骗了孩子,将来孩子就会成为一个缺乏诚信的人,就无法立足于世。人无信则不立,如果孩子不能立足于世,将来还如何能够生存下来呢?"妻子觉得曾子的话很有道理,当即帮助曾子烧水。就这样,赶在天黑之前,他们把猪杀掉,炖了香喷喷的一大锅,全家人吃了一顿美味的猪肉,还分了很多给邻居吃呢!

曾子的话很有道理,对于孩子来说,父母就是他们模仿的对象。如果父母在和孩子沟通的过程中总是把说过的话随随便便抛之脑后,那么孩子还如何信任父母,又如何能够从父母身上学到优秀的品质呢?

要想避免被孩子缠住要求兑现诺言,父母就要管好自己的嘴巴,不要一时冲动就随便给孩子许下承诺。作为父母,一旦把话对孩子说出口,我们就要努力对孩子兑现诺言,这样才能成为孩子心目中信守诺言的父母。

此外,在陪伴孩子成长的过程中,父母不要诱导孩子作出超出自身能力范围的承诺。因为,若这个承诺超出孩子的能力范围,孩子势必不能实现,而当父母随随便便就代替孩子实现他们的诺言时,孩子就会渐渐地不把承诺当一回事。总而言之,一诺千金,不管是说出承诺还是兑现承诺,父母和孩子都应该怀着慎重的态度。在引导孩子成长的过程中,父母最好引导孩子作出能够兑现的承诺,这样,才能培养孩子信守诺言的好习惯。

爸妈有话说:

孩子并不是天生就会遵守诺言,而是在成长的过程中逐渐意识到语言的分量,也意识到肩膀上那沉甸甸的责任,从而积极主动地提升能力,在成长过程中有更好的表现。

不要拿别人的东西

每一个孩子在一两岁时都处于无我的状态,他们把自己与外部世界看作浑然一体,而不能把自己与外部世界区分开来。等到两三岁前后,孩子的自我意识越来越强烈,他们开始区分自己与外部世界。对于物权的归属,他们也有了模糊概念。例如,三岁前后的孩子最喜欢说的话就是"我的我的我的",他们很擅长把一切喜欢的东西都"据为己有",这是因为他们对于物权归属还没有明确的概念。要想让孩子不拿别人的东西，就要引导孩子区分自己的东西、他人的东西，就要告诉孩子，有的东西是属于他人的，不能拿不属于自己的东西。

很多父母觉得孩子喜欢拿别人的东西是因为品质恶劣，实际上，对于年幼的孩子而言，这只是身体发育所处的特殊阶段导致的特殊行为，是完全正常的，而与品质没有任何关系。父母要了解孩子的身心发展规律，这样才能有的放矢地引导孩子。要想避免孩子随便霸占别人的东西，就要让孩子区分哪些东西是自己的，哪些是东西是别人的，建立明确的物权归属概念，才能够对孩子的成长起到积极的推动作用。

在过了三岁之后，如果孩子仍有随便拿别人东西的行为，就涉及贪小便宜了。很多孩子一开始都有爱占便宜的思想，现在的很多成年人也有这样的思想。其实，孩子爱占便宜也是天性之一，并不是品质的问题。在教育和陪伴孩子的过程中，父母一定要以身示范，给孩子做好榜样，否则，孩子看到父母贪小便宜，也会受到父母的影响。

有一天，妈妈带子琪去菜市场买菜。子琪很喜欢去菜市场，因为菜市场里不但有新鲜的蔬菜，还有很多活蹦乱跳的鸡、鸭、鱼、鸽子等，子琪最喜欢看这些小动物。

带着子琪看完鸽子等活禽之后，妈妈就带着子琪一起去买菜。在一个摊位上，因为摊主忙着应付买菜的人，所以多找给妈妈十元钱。妈妈当时急着回家，也就没有注意，回到家里，妈妈在检查钱包的时候，才发现多了十元钱。为此，妈妈当即要去菜市场把钱还给摊主。子琪不以为然地说："这是他主动给你的呀，又不是你偷的，我觉得不用还。"妈妈一本正经地对子琪说："虽然这个钱是他主动给妈妈的，但并不是他应该给妈妈的，他只是因为忙于做生意，所以才算错了账。从本质上来说，这个钱是属于摊主的，妈妈如果把这个钱据为己有，就是品质的

第09章 有爱心懂感恩：善良的女孩自有"福报"

问题。"在妈妈的坚持下，子琪和妈妈一起回到菜市场，把钱还给了摊主。摊主对妈妈感激不已，连声夸赞妈妈是个好人。

走在路上，我们捡到贵重的物品应该怎么做呢？是将其据为己有，还是将其送到警察局，让警察叔叔负责找到它的失主？听起来，这些东西是走在路上捡到的，并不是偷来的，所以可以据为己有，但是实际上这样的思想是不正确的。因为我们也许不知道那些东西是属于谁的，但是知道它们一定不属于我们，既然如此，我们就应该做到物归原主。

有人说，父母是孩子的第一任老师，孩子是父母的镜子，这句话非常有道理。很多父母在日常生活中都很喜欢贪小便宜，这样一来，不知不觉中就会对孩子造成负面的影响，导致孩子在成长过程中也这样做。在发现孩子的言行举止出现问题的时候，父母先不要急于苛责孩子，而应该反思自身，从自己的行为着手，看看自己有没有哪些地方做得不对，这样才能够更好地教养孩子。

要想培养出品质高尚的孩子，当发现孩子的行为举止中出现小瑕疵时，父母一定不要随便纵容和包庇孩子。要知道，虽然孩子的事看起来不值一提，但是，如果父母总是对这些事情掉以轻心，无形中纵容孩子，就会导致孩子养成恶习。等到孩子长大成人之后，父母再想改掉孩子的这些恶习，就会很难。常言道，小时偷针，大时偷金，虽然孩子小时候把别人的东西据为己有不是偷窃行为，但是如果有意识地占据别人的东西，那么就是严重的偷窃行为。父母要给孩子树立积极的榜样，也要引导孩子做出正确的举动。

当然，孩子的成长是漫长的过程，孩子的心灵也很稚嫩，他们就如同一张白纸，需要在父母的引导下渐渐地给心灵着色。不管是父母还是女孩，对于成长都要有足够的耐心，也要有足够的坚持，这样才能避免在漫长的成长过程中误入歧途。

有话说：

你一定要知道哪些东西是自己的，哪些东西是别人的。对于别人的东西，哪怕是别人在无意之中给我们的，或者是我们偶然得到的，也不能够将其据为己有。只有分清楚你的、别人的，你才能够更有原则地生活，才能够心安理得地享受属于自己的东西。

不要随随便便伤害弱小者

在教育孩子的过程中，很多父母都会陷入误区，因为担心孩子会被别人欺负，他们就主张让孩子以武力解决问题，以暴力的方式与他人对抗。殊不知，这样会把孩子的成长引入歧途，导致孩子觉得拳头就是王道。实际上，在成长过程中，孩子更应该心怀博爱，尤其是要保护弱者和小动物，这样孩子的心才会更加柔软，才会在成人之后避免以武力解决问题，始终保持理性和冷静。

在全世界范围内，对于好人和坏人都有明确的区分，虽然人的本性是非常复杂的，不能单纯以好坏来划定，但是好人是崇善扬恶的，坏人才欺负弱者。在教育女孩的过程中，父母要引导女孩心怀博爱，这样女孩才会帮助弱小，才能向他人传递自己的爱。

真正的强者，在面对弱小者时，他们从来不以自身的力量欺压弱者，更不会把快乐建立在他人的痛苦之上。在人际交往，一个人如果总是恃强凌弱，就容易被身边的人所唾弃，也根本无法得到每个人的欢

第09章 有爱心懂感恩：善良的女孩自有"福报"

迎。所以，女孩既不要过于软弱，也不要总是欺负别人，而应该把握好强和弱之间的界限。

每个父母都希望孩子能够成为强者，既然如此，就不要给孩子的品质带来污点。除了要教育孩子走正路，引导孩子形成正确的思想观念之外，父母还要避免在孩子面前表现出暴力的行为。很多父母对于孩子的教育都做得非常糟糕，例如，有些父母本身就崇尚暴力，不但经常与外人打架斗殴，夫妻之间也常常出口成脏、动手动脚。在这样的家庭氛围之中成长，女孩很难出淤泥而不染，往往很容易受到父母的负面影响。

所谓身教大于言传，父母一定要以实际的言行举止为孩子做出积极的榜样，而不要一边标榜自己的思想境界，一边又在孩子面前作出完全负面的示范。此外，在教育孩子的过程中，父母也不要总是苛责女孩，因为语言的伤害对于女孩稚嫩的心灵而言是一种软暴力，会导致女孩的内心受到伤害，也会导致女孩儿产生逆反心理，对父母的话丝毫不放在心上。从心理学的角度来说，每个人都有超限效应，意思就是说，当外界的刺激超过心理承受的极限时，就会达到物极必反的效果。在教育孩子的过程中，父母也会不知不觉中犯这样的错误，所以，父母一定要时刻提醒自己避免超限，要把握好教育的限度。

要想让孩子充满爱心，父母还要给予孩子足够的爱。每个孩子从呱呱坠地开始就要在父母的照顾下成长，如果父母对孩子非常冷漠，就会让孩子的感情发展有所欠缺。例如，现在在很多农村家庭里，父母都会外出打工，而把孩子单独留在家里给爷爷奶奶照看。实际上，这对于孩子的成长是没有好处的。日久天长，孩子与父母缺少亲密的关系，在成长过程中缺少父母的关爱，渐渐地，他们会以冷漠的态度去对待他人。正如意大利伟大的教育家蒙台梭利所说，爱与自由是父母给孩子最好的成长环境和礼物。因此每一个父母都应该承担起抚养孩子的责任，也应该为孩子创造良好的家庭氛围和环境。唯有如此，孩子才能身心健康地快乐成长。

爸妈有话说：

父母的爱是孩子生命最好的养分，也许爸爸妈妈以前不够爱你，或者爱你的方式不正确，接下来，爸爸妈妈会努力改变自己，给你更好的爱。你也要努力上进，要相信，你对他人付出爱，你就会得到人世间爱的回馈。

在不妨碍他人的情况下照顾好自己

在现代社会，很多女孩不但不会照顾自己，而且常常会给身边的人带去麻烦。从人际交往的角度来说，不给别人添麻烦，不妨碍别人，是一种非常优秀的品质，也是一种社会交往的能力。人是群居动物，每个人都在人群之中生活。一个人如果在做人做事的时候总是从自身的需求出发，而很少考虑到他人的需要，就会形成以自我为中心的思想。避免给别人添麻烦，这是基本的人际相处原则。偏偏有太多的孩子，为了满足自身的需要，总是给别人添麻烦，总是对提他人提出过分苛刻的要求，导致他们在成长的过程中无法与他人建立良好的关系，甚至人际关系恶劣。

学会照顾自己，就要提升自我生存的能力，而不给他人添麻烦，这意味着要更多地考虑到他人的感受，设身处地地为他人着想，这是一

第09章 有爱心懂感恩：善良的女孩自有"福报"

种非常高贵的品质。当孩子不能准确理解照顾自己和不给他人添麻烦这两条原则的时候，就会陷入一个误区。例如，在公交车上，孩子为了让自己不摔倒，很需要一个座位，他就需要向有座位的人寻求帮助。如果他寻求帮助的对象是一个年轻力壮的年轻人，那么他既可以得到帮助，也不会给别人带来麻烦；但是，如果他寻求帮助的对象是一个年迈的老人，则老人爱孩子心切，也许会把座位让给孩子，那么，老人就很容易因为公交车的各种意外情况而受到伤害。孩子如何才能更好地照顾自己，而不给别人添麻烦呢？这就需要孩子增加人生的经验，从而把握好其中的限度。

既能照顾好自己，也不给他人添麻烦的孩子，会表现出高贵的素养。这些年来，我们总是对孩子提出助人为乐的要求，实际上这个要求对于孩子而言未免有些过高。一则是因为孩子当前的能力有限，二则是因为孩子的思想境界还没有达到那么高的程度，三则因为如果孩子为了帮助他人而伤害了自己，无法做到照顾好自己，反而是给别人添麻烦。所以，针对孩子的年龄发展特点，我们可以让孩子先照顾好自己，不妨碍他人，然后再在力所能及的情况下去帮助他人。

在这世界上，如果每个人都能照顾好自己，也不给别人添麻烦，那么世界就会呈现出井然有序、一派友好的景象。如今，很多老年人在乘坐公共交通工具的时候总是倚老卖老，要求坐在座位上的年轻人给他们让座，实际上这样的做法是错误的。因为，如果老年人想要在拥挤的车上坐着，他们可以选择在起始站多等几分钟，等到下一趟有座位的车到来时再上车；或者付出更多的金钱选择乘坐出租车，都是可以的。有些老人上了公共交通工具之后，就理直气壮地要求别人给他们让位。这种行为严重地妨碍了他人，也给他人带来了麻烦，不得不说，这么做的人是很缺乏教养的。

要想让女孩养成优秀的品质，父母就要给女孩做好榜样。不到万不得已的时候，最好不要向他人寻求帮助，因为对于自己能解决的问题，求助于他人就是给他人添麻烦；在必须向他人求助的时候，也要讲究方式方法，而不要使人觉得咄咄逼人。

总而言之，人是群居动物，每个人都生活在社会群体之中，如果总是从自己的需求出发，而完全忽略了他人，必然会对他人造成影响。每个人都应该理解自己、理解他人，这样才能够协调好与他人之间的关系。

爸妈有话说：

照顾好自己是一种能力，不给他人添麻烦，则是一种品质和素养。爸爸妈妈希望你可以提升能力，照顾好自己，也希望你拥有很高的素养，尽量不给别人添麻烦。

第 10 章

健康长大不烦恼：做不完美的快乐女孩

常言道，人无完人，金无足赤。在这个世界上，从来没有绝对完美的人。女孩也是如此。尽管女孩是真善美的化身，但是，对于女孩而言，不完美也是必然的。不要因为自身的瑕疵而影响心情，唯有健康成长，活得快乐，才能努力弥补自身的不完美，快速地成长。

女孩要远离忧郁的困扰

近年来，抑郁症越来越多地出现在人们的视野之中。有些孩子因为患上抑郁症，内心郁郁寡欢，在生活和学习方面都面临很大的困境和障碍。而有些成人因为抑郁症的侵扰，甚至萌生轻生的念头，乃至做出轻生的举动。不得不说，抑郁症这种心理疾病，对人的情绪状态的影响还是非常大的。

女孩进入青春期之后，因为身体内会分泌大量的雌性激素、孕激素等，情绪也会处于波动之中，更容易受到忧郁情绪的困扰。其实，忧郁在青少年的心理状态之中非常普通和常见。心理学家提出，人在一生之中有三个时期很容易受到抑郁症的侵扰，那就是在青春期末期、中年阶段和老年阶段。尤其是女性，在情绪方面更容易出现各种复杂的变化，因此，和男性相比，女性更有可能患上抑郁症。

作为父母，当发现女孩的情绪状态不同寻常时，我们不要觉得女孩是在耍小性子、任性妄为，而是应该思考女孩的忧郁情绪到底为何出现。人是情感动物，每个人在成长的过程中都会有各种各样的情绪。当人生不如意的时候，当遭遇坎坷挫折的时候，情绪忧郁是正常的。对于心理强大的人来说，他们很快就能够战胜忧郁情绪，通过自我调节而恢复自信和乐观；但是，对于生性悲观的人而言，一旦陷入忧郁的情绪之

第10章 健康长大不烦恼：做不完美的快乐女孩

中无法自拔，就会郁郁寡欢，甚至因此影响行为举止。严重的抑郁症，还会危及患者的生命，所以，不管是父母还是女孩，对于抑郁症都要引起重视。

忧郁情绪不容易根治，这是因为人在生活学习的过程中难免会遇到各种各样的烦心事，而情绪就像是一个非常敏感的风向标，一旦人生有任何的不如意，情绪都会第一时间作出敏感的反应。父母一定要更加理性地对待女孩的忧郁情绪，这样才能够给予女孩更多的引导和帮助，并及时助力女孩摆脱负面情绪的困扰。

正常的忧郁情绪持续的时间比较短暂，经过自身的调节和外部环境的影响，忧郁的情绪很快会烟消云散。在医学上有一个标准，即一个人的忧郁情绪如果持续超过两个星期的时间，甚至达到数月数年的时间，那么就是典型的病理性抑郁症。病理性抑郁症会给人的生活、学习带来严重的负面影响，使人感到生无可恋，丧失生活的信心和勇气，甚至会使人在极端的情绪状态下做出冲动之举，最终导致生命的丧失。前段时间，有一个患有抑郁症的女性在景区的最高峰跳下山崖，并且留下一封遗书。遗书上说，她患有抑郁症，却得不到任何安慰和开解。实际上，每个人都会有忧郁情绪，每个人也都应该更加关注忧郁情绪和抑郁症。

也许有人会说，那么多人都会遭遇人生的坎坷挫折，为何偏偏只有那一部分人会得抑郁症呢？其实，很多人对于抑郁症都缺乏了解，抑郁症患者并不想被忧郁情绪困扰，只是内心过于敏感，所以导致无法摆脱忧郁情绪而已。很多青春期女孩喜欢写日记，实际上日记就是表达内心、宣泄情绪的一种好方式。当郁郁寡欢的时候，用写日记倾诉内心，这样一来，女孩的心情就能恢复平静。当然，除了用写日记倾诉之外，女孩也可以向爸爸妈妈寻求帮助，或者通过运动的方式调动起积极的情绪。当然，若很多行为都无法控制忧郁情绪的蔓延，女孩就要求助于专业的心理医生，在必要的情况下还可以服用控制忧郁的药物，这些都是非常有效的治疗方式。

在现实生活中，父母应该给予女孩更多积极的引导和帮助。很多父母常常在孩子面前说一些负面的话，这都会在无形中给予女孩负面的影响，甚至会导致女孩的人生观发生扭曲。人活着固然要经历很多痛苦的事情，但是，所得到的快乐和幸福也是非常多的。对于人生，唯有怀着积极的态度，才能战胜那些艰难坎坷，最终柳暗花明迎来又一村。

爸妈有话说：

孩子，人生不如意十之八九，每个人在生命的过程中都会遭遇各种不如意，最重要的在于采取怎样的态度面对生命。记住，没有人的一生是完全顺遂如意的，我们必须扬起信心和勇气，才能够在与人生博弈的过程中获胜，才能够真正成为命运的主宰。

远离嫉妒，让心自在

常言道，有人的地方就有江湖，而有江湖的地方就有无休无止的比较。很多人都喜欢与他人进行比较，这是因为他们内心深处缺乏自信，所以，一旦受到他人的评价或非议，他们就无法保持淡定，乃至奋不顾身地投身于比较之中，或者因为胜出而扬扬自得，或者因为在比较中显现出劣势而沮丧、落魄。不得不说，这样的人没有独立的内心，他们的人生很容易受到外部环境的影响。

第10章 健康长大不烦恼：做不完美的快乐女孩

女孩进入青春期之后，即将从儿童阶段走向成人阶段，当走过青春期这关键的几年之后，女孩才会真正地成熟。在此期间，女孩会出现很多的心理问题，情绪也会变得更加强烈。当女孩因为各种心理问题而受到困扰的时候，一定不要抱怨外部的环境，也不要对他人抱怨不休，而应该首先反思自身的原因，这样才能够有的放矢地解决问题。通常情况下，嫉妒情绪完全发自于内心，爱嫉妒的人看待别人的时候总是怀着偏见，他们觉得别人比自己强，就觉得别人会藐视自己。实际上，这都是他们臆想出来的，如果能够增强自信，淡然面对人生中的很多境遇，他们就会拥有更加成熟的人生。

嫉妒是人心里的毒瘤，不但会对他人造成伤害，也会对嫉妒者本身造成严重的伤害。要想彻底清除嫉妒，首先应该树立远大的理想，让人生有目标、有方向，并为了实现理想而坚持不懈地努力。爱嫉妒的人总是为一些不值一提的小事情耿耿于怀，其实在漫长的人生道路中，这些小事情根本无关紧要，就像沧海一粟。在辽阔浩渺的宇宙中，一个人甚至连一颗沙粒都算不上，既然如此，还有什么必要去妒忌呢？其次，如果感受到嫉妒的情绪，女孩还要客观中肯地评价自己。通常情况下，爱嫉妒的女孩总是拿自己的短处与他人的长处比较，这样一来，女孩毫无优势可言，就会常常陷入自卑沮丧的心境之中，自然会对他人产生更加强烈的嫉妒。其实，正确的比较方法是拿自己的今天和昨天比较。记住，每个人都是这个世界上独一无二的生命个体，人与人之间根本没有可比性，每个人只要今天比昨天有所进步，就是值得赞赏的。

与其陷入嫉妒的情绪之中不能自拔，让嫉妒扰乱自己的心绪、打乱生活的节奏和规律，还不如摆脱嫉妒的情绪，积极地投入竞争之中。现代社会竞争非常激烈，不但成人世界里生存环境特别残酷，在孩子的世界里，学习上的竞争也是异常激烈。明智的女孩不会因为他人比自己优秀就陷入嫉妒之中，而是会努力激发自身的潜能，让自己在成长的过程中表现更加杰出。

很多人往往心思狭隘，他们的眼睛只能看到眼前的一些利益，而不能够看得更加长远。实际上，与其妒忌别人的成功，不如更加积极努力地提升和完善自我；与其羡慕别人获得的优秀成就，不如让自己变得更加有所成就。与此同时，我们也要为别人的收获而喝彩，这样的做法不但能让我们有气度，而且能够帮助他人，并获得他人的认可和赞许。当然，当进入到开阔的人生境界之中时，嫉妒的情绪就会烟消云散，我们也会更加积极努力地生活，更会向着人生更高的高度去奋斗。

很多女孩不但会嫉妒他人，也常常遭到他人的嫉妒，因为尺有所短，寸有所长，每个人都会有自己的优势和长处，也会有自己的缺点和不足。当成为别人嫉妒的目标时，女孩不要着急，而是应该反思自己，看看自己是否锋芒毕露。如果没有做得不当的地方，那么就如伟大的意大利诗人但丁所说，走自己的路，让别人说去吧！对于每个女孩来说，唯有成为最真实的自己，才是最大的成功。当然，有的时候女孩也会陷入他人别有用心的流言蜚语之中，在这种情况下，不要因为他人的目光和说法就马上乱了方寸，唯有坚定不移地做好自己，女孩才能在成长的道路上坚定前行。

爸妈有话说：

嫉妒是人心里的毒瘤，爸爸妈妈希望你能够快乐地面对生活。每个人都有自己的优势和长处，你的身上也一定有值得别人赞美的地方。不管是内心产生对别人的嫉妒，还是不知不觉中成为别人嫉妒的对象，都

第10章 健康长大不烦恼：做不完美的快乐女孩

不是一件让人感到愉快的事情。妈妈希望你能够不卑不亢、做好自己，而不要因为别人随意的评价就迷失方向、方寸大乱。记住，你的人生你做主，你一定要活出独属于自己的精彩人生！

女孩要战胜自卑

青春期女孩的心理问题很多，除了嫉妒等负面情绪之外，她们常常陷入自卑的情绪之中。心理学家指出，在青春期阶段，很多女孩都会被自卑感困扰。那么，青少年为何会感到自卑呢？从人生的角度来看，每个青少年都正处于意气风发的青葱岁月，原本应该充满信心、神采飞扬，为何会时常感到自卑呢？

自卑的人各有各的原因。通常情况下，青春期男孩更在乎身高，所以，个子较矮的男孩，他们会因为自己在身高上没有优势而感到自卑。女孩和男孩截然不同，女孩除了追求好身材，还更在乎容貌、皮肤、学习成绩、家庭环境等。女孩自卑的原因更加复杂，情绪也更容易出现波动。

在女孩的青春期，父母要更加关注女孩的情绪状态，及时提醒女孩注意自身的情绪变化，这样，女孩才能把握好心理状态，才能够及时感知情绪的动向，从而消除负面情绪，怀着积极的心态去面对生活。

自卑感在产生之后就会如同重感冒一样蔓延，不但对女孩的生活产生巨大的影响，而且会导致女孩的自我认可越来越低，使得女孩处处自我否定，甚至在与人相处的过程中封闭自己、关闭心扉。可想而知，对于青春期女孩而言，长此以往，她们必然会对人生产生不切实际的幻想和抱怨，也会造成对未来感到非常沮丧。

作为父母，我们要告诉女孩金无足赤、人无完人的道理，也要告诫女孩不要一味地看到自己的长处而妄自尊大、扬扬得意，也不要总是看到自己的短处而感到非常自卑。女孩只有客观公正地认识自己，中肯地评价自己，才能够给予自己更好的未来。所谓天生我材必有用，女孩儿一定要认识到自身的价值，如此才能绽放生命的精彩。尤其需要注意的是，不要拿自己的缺点和别人的优点进行比较，因为这样的比较本身就是不公平的。对于自卑的女孩而言，这种不公平的比较更容易令她们陷入沮丧的情绪之中，无法自拔。

正确的比较方式不是进行横向比较，而是进行纵向比较。例如，拿自己的现在与此前比较，看看今天的自己比昨天的自己是否有进步；也可以经常反思自己，看看自己是否弥补了缺点，有了更好的发展。总而言之，青春期女孩常常对自己缺乏正确的认知，父母要慎重评价女孩，因为，当女孩自我认知能力不足的时候，她们往往会因为信赖父母而把父母对她们的评价作为自我评价。由此可见，父母在女孩面前一定要更加慎重，必须经过仔细的思考再对女孩发表评价，否则就会对女孩起到误导的作用。

要想消除自卑，女孩一定要有更强大的自信力，这样才能在遭遇坎坷挫折的时候不断激励自己努力奋进。所谓自信，体现在生活中的很多细节之上。有的女孩在课堂上从来不敢举手发言，甚至被老师点名站起来之后也依然不敢出声。虽然发言只是学习方面一个很小的细节，却能够表现出女孩的勇气和信心。还有的女孩有强烈的嫉妒心理，每当看到别人更加优秀的表现时，她们心中嫉妒的毒瘤就会肆意生长。若女孩总是陷入对他人的嫉妒之中，她们就会更加被动，也会因此而情绪消沉。

第 10 章　健康长大不烦恼：做不完美的快乐女孩

青春期的女孩一定要保持自信，这样才能坦然地接纳自己，才能从容地面对他人。

每个人都会有自己的优势所在，也会有自己不足的地方，只有客观中肯地认知和评价自己，只有坚持努力地进取，一点一滴地坚持进步，换取质的飞跃，女孩才能够不断地提升和完善自己，成就更加完美的自己。当发现自己陷入自卑的情绪之中时，一定要想方设法振奋精神，这样才能让自己拥有无穷的动力。

爸妈有话说：

自信的女孩最美丽，你一定要努力发现自己的优点。你也许不是最漂亮的，但你是最可爱的；你也许不是最美丽的，但你是最自信的；你也许不是最优秀的，但你是最与众不同的。总而言之，每个女孩都有自己的优势和长处，也有自己的缺点和不足，你既要看到自己的不足之处，也要为自己的优势而充满信心。唯有如此，你才能在成长的道路上更加自信，挺胸阔步努力向前。

要相信自己是最棒的

女孩若总是活在他人的目光之中，就会失去自我，因为，哪怕别人随随便便发表一句评价或者给她一个异样的眼光，她内心就会感到惶惑，甚至对原本已经决定的事情也变得怀疑起来。尤其是青春期的女孩，她们正处于情绪敏感的时期，更容易因为他人的评价而迷失自我。要想让自己更加笃定从容，女孩就一定不要过于在乎他人的评价。正如但丁所说,走自己的路,让别人说去吧。女孩应该竭力地摆脱别人的负面影响,如此才能做最真实的自己,才能够成就最优秀的自己。

一个人即使再怎么努力,也无法得到所有人的认可与赞赏,与其改变自己去迎合别人,不如以自己本来的面目示人,这样至少坚守了内心,或至少能够让自己忠于内心。否则,因为他人的肆意评价就改变自己,非但不能得到他人的认可和赞赏,反而会在他人的指责声中迷失自我,可谓损失惨重。

现实生活中,总有一些人喜欢对他人发表评论,尤其喜欢对他人的言行举止指指点点,这是因为他们的素质太低,不懂得尊重他人,而并不意味着被肆意评价的人真的做得很不够。认识到这一点之后,青春期的女孩还愿意因为别人的随意指责而改变自己吗?

人生是一场旅行,最重要的不在于到达哪里,而在于在旅行过程中欣赏了哪些美景,有哪些独特的感悟。每个人对于人生都是毫无经验的,从新生命呱呱坠地开始,人生就在进行一场崭新的旅程。因为缺乏经验,每个人在人生的道路上都会摸着石头过河。对于同一件事情,不同的人会有不同的感受,有的人觉得这件事情不值一提,有的人却觉得这件事情给自己带来了毁灭性的打击,其实事情本身并没有改变,而是当事人的主体发生了变化,所以感受也截然不同。

西方国家有一句谚语,条条大路通罗马。这句谚语的意思是,要想到达繁华的古罗马城,沿着任何一条道路去行走,最终一定能够到达。实际上,人生也是如此,人生的成功并没有一定之规,唯有在坚持前进的道路上决不放弃,才能够取得最终的胜利。古往今来,那些有所成就的人,并不是因为他们有特殊的天赋,也不是因为他们得到了命运的眷顾,而只是因为他们在面对坎坷和挫折的时候有坚韧不拔的精神,哪怕受到困难的迎头打击,也决不放弃,总是一如往常地付出辛苦和努力。尤其是在遭遇别人的质疑和非议的时候,他们总是坚持自己的想法,而不因为他人随随便便的评价就改变初心,这是很重要的。从心理学的角度来看,他们很坚强,也足够自信,所以才能在人生的路上兜兜转转,最终到达目的地。

爸妈有话说:

放眼世界,世上有太多优秀杰出的人,你虽然不是最优秀的那一个,但是我们无须去和他人比,只要和自己的昨天比起来有所进步,只要和自己的缺点比起来有所成长,我们就是最棒的。你一定要相信自己,这样才能够扬起自信的风帆,在人生的道路上乘风破浪地前进。

我真的不想上学

即使是众人瞩目的学霸,也不一定真心喜欢和热爱学习,这是因为孩子的天性就是崇尚自由、喜欢玩耍,所以,父母不要总是强求孩子对于学习发自内心地喜爱。只要孩子能够发挥自制力,理性地接受学习,那么他就是非常优秀的。

回想成长阶段中的各种表现,在面对繁重的学习任务时,我们为人父母者一定也曾经产生过厌学的心理。孩子为什么会讨厌学习呢?其实,不仅孩子讨厌学习,身为成人的父母也并不真心地热爱学习,毕竟长期学习是会让人感到枯燥乏味的。面对沉重的课业负担,孩子忍不住想要逃避,这是人之常情。对此,父母要激发孩子的内部驱动力,让孩子感受到学习的乐趣，这比一味地强求孩子坚持学习来得更好。

当厌倦学习的情绪不断积累时，孩子还会出现拒绝上学的行为，这是因为他们觉得学习的压力太过沉重，他们无处逃避，为此他们必须采取非常规手段让自己暂时放松下来。当孩子不想上学的时候，父母又该如何做才能够正确引导孩子呢？尤其是面对敏感的女孩，父母更要讲究方式方法。很多父母会强迫孩子上学，记得网上有一张图，讲的是一个父亲居然把孩子绑在摩托车后座上，强行送孩子去上学。不得不说，这种形式主义的做法并不能真正让孩子爱上学习，反而会让孩子对学习产生更加可怕的体验。作为父母，我们要更理性地对待女孩的厌学心理，并帮助孩子真正意识到学习的重要性。前文说过，每个孩子在学习的过程中都有内部驱动力和外部驱动力，要想让孩子在学习上有更好的表现，且能够持久，就要激发孩子的内部驱动力，这样孩子才能发自内心地热爱学习。

父母还可以帮助女孩制订奋斗的目标，只有有目标，女孩在学习中才会有方向。需要注意的是，在制订目标的过程中，要把握好度，不要把目标制订得过于远大，否则，若女孩经过长久的努力却无法获得切实的收获，只会使她们变得颓废和沮丧。在制订远大目标之后，父母可以帮助女孩对目标进行分解，将远大目标分解成为中期目标和短期目标，这样一来，女孩在努力实现短期目标之后，就会获得鼓励和积极的力量。

女孩是需要鼓励和认可的，以往，在女孩做得不够好时，父母总是批评和否定女孩，在如今的教育理念下，提倡认可和赞赏女孩，也就是进行赏识教育。当然，赏识也不能超过女孩的心理限度，而应该讲究方式方法，这样才能真正对女孩起到激励的作用。

当女孩不想去上学时，父母正确的做法不是逼迫女孩上学，而是端

第10章　健康长大不烦恼：做不完美的快乐女孩

正女孩对于学习的态度，帮助女孩树立正确的学习观念。如果女孩真的很排斥上学，那么不如给女孩一段自由的时间，让女孩在享受自由的同时，反思自己，知道自己应该怎么做。这比强制女孩去学校的效果会好得多。尤其是青春期的女孩，她们的自尊心非常强烈，情绪情感特别敏锐。如果父母对她们的处理方式不当，就会导致她们稚嫩的心灵受到伤害，所以一定要采取正确的方式和方法，这样才能够处理好女孩厌学的问题。

爸妈有话说：

在这个世界上，每个人都有自己的责任和使命。作为孩子，你现在的主要任务就是学习，当然，因为能力的限制，你对于很多事情并不能处理好，所以需要寻求父母的帮助。其实，你有厌学的情绪是正常的，因为长期坚持学习是一件枯燥的事情，但是学习又是不可避免的行为，所以你要学会从学习中寻找乐趣，从而做到发自内心地热爱学习。

第 11 章
情窦初开的青春：保护好自己，与异性保持合适距离

爱情是造物主赐予人类最美妙的礼物，随着不断地成长，青春期的女孩情窦初开，渴望得到爱情的青睐，又害怕爱情的痛苦折磨。对于她们而言，爱情是神秘的，充满了强大的吸引力。如何才能够在青春期性意识萌动的特殊阶段与异性保持合适的距离，发展最美妙的情意呢？对于青春期女孩来说，这是一个难题，也是必须解决好的问题。人生的道路很漫长，爱情绝不是一朝一夕的事情，而是关系到人生的重要大事，所以青春期女孩对待爱情一定要慎重，也要深刻理解爱情到底是什么，如此才能够享受爱情的馈赠。

不要过于亲近异性,也不要刻意疏远异性

在幼年阶段,女孩与异性之间是两小无猜的。她们对异性非常亲密,因为年幼的她们还没有形成性别的意识。随着不断地成长,进入青春期之后,男孩与女孩从两小无猜,到身心快速发育,彼此之间变得生疏起来。在此期间,女孩会经历排斥异性,再到亲近异性的阶段。

男女授受不亲,这是封建社会提出来的男女交往礼俗。在现代社会,虽然男孩与女孩是完全平等的,在同一个教室里学习,但是男孩女孩毕竟性别不同,在进入青春期之后还是要保持合适的距离,这样才能够避免引起对方的误解,才能够避免引起他人的非议。

尤其是在公开的场合,男孩与女孩之间应该保持怎样的距离才算适度,这是一个很难把握的问题。根据与异性之间亲近的程度不同,女孩对于与异性之间的关系也会有不同的理解。如果与异性刻意疏远,就会导致连朋友和同学也做不成;如果与异性过于亲近,就会被对方误解为对其有好感。只有把握好合适的度,并控制好彼此相处的距离,男孩与女孩才能够更好地相处,才能够拥有更纯正的友谊。

不仅青春期男孩和女孩之间需要保持距离,即使在普通的人际交往之中,人与人之间也要保持一定的距离,这样才能够让彼此都感到舒适。打个形象的比方来说,每个人都戴着气泡球,在这个气泡球的空间

第 11 章　情窦初开的青春：保护好自己，与异性保持合适距离

范围内，每个人都不希望被他人侵犯；而如果人与人之间太过于亲近，这个气泡球就会被他人刺破，会让人感到心理上的抗拒和不安全感。所以，很多时候，人们并非故意要与他人疏远，而只是想在自己的私人空间之内自由自在地活动。这样不仅让人在生理上感到舒适，在精神上也会感到更加从容和坦然。

虽然物理上的距离并不能改变人们心理上的距离，但是彼此亲近的人总是愿意站得更近。相反，在面对陌生人的时候，物理距离就会自然拉开。这是因为，人只有在心理上接受对方，才愿意与对方亲近；反过来看，一个人如果与对方的心理距离没有达到亲密的程度，就不要总是与对方太过亲近，否则会令对方感到压抑和紧张。

青春期女孩在与异性交往的过程中会发现一个规律，即如果青春期女孩很愿意与某异性亲密相处，那么则意味着她在心理上与对方也是很亲近的，反过来也同样成立。有的时候，女孩并不知道自己与某异性的交往已经逾越了距离的界限，这是因为与该异性的亲密接触让她们感到非常安全舒适，也就意味着她们对于该异性产生了好感。

通常情况下，大多数人都以为人的行为受到情绪的影响，但也有心理学家提出，一个人的行为会左右他的情绪。从这个角度而言，女孩在与异性接触的时候，要控制好物理上的距离，也要控制好心理上的距离，这样才能把握最佳的亲密程度。现代社会，有些年轻人不愿意和父母一起居住，但是他们又不愿意距离父母太远，所以有人提出了年轻人与父母应该维持一碗汤的距离，这样才能够与父母保持良好的关系，不至于疏远，也不至于太过亲近，侵犯彼此的生活空间。从这个角度来说，女孩与异性之间要保持适度的心理距离，更要保持适度的物理距离，这样才能够与异性建立最和谐的关系，才能拥有纯粹的友谊。

很多女孩平日里就像假小子，从小就和男孩一起穿着开裆裤长大，随着不断地成长，她们的性别意识并没有成熟，为此她们依然与男孩打成一片。这样一来，当其他人看到女孩和男孩亲密无间的时候，未免感到很不适应，也会为此对女孩指手划脚，使得女孩与男孩的交往陷入被动的状态。女孩固然可以特立独行，但也要有意识地定位性别角色，这样才能做得更好。

爸妈有话说：

孩子，你长大了，不管你是否愿意当一个淑女，你都要记住你是女孩子。当然，你可以成为一个运动型女孩，像男孩一样活泼好动。但是，男女有别，随着不断地成长，你要渐渐学会准确定位自己的性别角色，这样才能在和异性相处的时候有更适度的表现，并把与异性之间的友谊维持在最佳的温度。

当女孩开始喜欢一个人

在情窦初开的年纪，女孩也许一开始很排斥异性，也不愿意与异性亲密接触，但是，随着不断地成长，她们的生理需求越来越强，心理上对于感情的渴望也越来越强烈。在这种情况之下，女孩难免会对某个男孩产生好感，甚至忍不住向男孩表白。不得不说，这意味着女孩进入了人生之中崭新的阶段。女孩要知道，爱一个人是正常的心理需求和情感现象，无须为此感到羞愧。正如伟大的诗人歌德所说，哪个少男不善钟情，哪个少女不善怀春。对于青春期女孩而言，有自己喜欢的人，这是

第 11 章 情窦初开的青春：保护好自己，与异性保持合适距离

一件值得高兴的事情。

现实生活中，太多的父母对于女孩出现早恋的情况感到非常紧张，他们视早恋如同洪水猛兽，总觉得女孩只要沾染上早恋就会影响学业，甚至会因此成为人生的输家。实际上，恋爱并没有早晚之分，只不过是青春期女孩应该以学业为重，所才会被冠以"早恋"的名号。很多父母为了阻止女孩早恋，想出各种招式来封闭女孩对于恋爱信息的接触。其实，父母无论怎么做都无法阻挡孩子成长的脚步，与其压制女孩的感情，不如正确引导女孩，这样女孩才不会因为叛逆而故意与父母唱反调。

青春期女孩情窦初开，就会钟情于那些符合她们审美标准的异性。例如，有些女孩本身喜欢运动，就会喜欢充满朝气和活力的男孩；有些女孩具有文艺气息，就喜欢那些具有忧郁气质、白净文弱的男孩。总而言之，萝卜白菜各有所爱，不同的女孩对于异性的评判标准是不同的，每个人在选择人生伴侣的时候都会有自己的标准，这一点父母也无权干涉。当然，青春期女孩应该以学业为主，不要因为恋爱耽误学习。当发现青春女孩出现早恋的苗头时，父母不要过于紧张，更不要盲目遏制女孩的感情，而应该保持冷静和理智，采取有效的方式引导女孩。

开学没几天，雅菲就告诉妈妈，她很喜欢班里的一个男生。听到雅菲这么说，妈妈感到很惊讶，也马上就想到了因为早恋而可能导致的各种后果。幸好妈妈的自制力还是比较强的，她一直保持着理性，冷静地对雅菲说："你有喜欢的人，那可太好了，这说明我的宝贝女儿长大了！"听到妈妈这么说，雅菲忍不住长吁一口气，因为她在告诉妈妈这件事情之前也是非常犹豫的，她生怕妈妈会因此而责骂她，也害怕妈妈甚至为此让她转学。看到妈妈轻描淡写的样子，雅菲觉得很高兴。她不知道的是妈妈心里其实很紧张呢，正在琢磨着如何才能够引导雅菲正确

疏导感情。

过了没多久,正当妈妈感到非常为难的时候,雅菲告诉妈妈,她已经和那个男孩子分手了。听到雅菲这么说,妈妈终于放下心来。妈妈暗暗想道:原来青春期女孩的恋爱经历是这么短暂,如同昙花一现,还没有等到我采取措施引导她,她就已经放弃了。

很多青春期女孩的恋爱经历就是这么短暂,如同昙花一现。她们也许会非常喜欢一个人,也许会在转瞬之间又开始喜欢和前一个男孩完全不属于同一类型的另外一个人。作为父母,我们无须对女孩一闪而过的喜爱感到紧张,而是要怀着顺其自然的态度,这样才能够让女孩认清楚自己的感情,主动地从一段过早发生的爱情之中抽身而出。从另一个角度来说,女孩随着不断地成长,对于爱情的理解也会更加深刻,也许原本她们觉得一个男生阳光洒脱是很吸引人的,但是,随着自身的渐渐成熟,她们又会觉得一个男生过于冲动是孩子气的幼稚表现。这样的表现对于女孩来说完全是正常的,所以,父母要了解女孩的身心发展规律,不要动辄将女孩的早恋视为洪水猛兽。

俗话说,哪里有压迫,哪里就有反抗。如果父母不由分说就开始阻止女孩的爱情,反而会对女孩起到反作用。在与父母对抗的叛逆过程中,女孩会对原本自己并不十分看好的一段感情投入更多,也使得这段感情的结束变得更为艰难。所以明智的父母不会以阻止女孩的方式结束女孩的感情,而是会给予女孩自由的空间去自主选择,也会引导女孩从自身角度出发思考问题。当女孩不断地成长,知道什么才是爱情,也知道自己想要怎样的爱情时,她们就会反思所谓的爱情,也会在爱情之中作出正确的选择。

若父母对于青春期女孩早恋的态度非常激烈,往往会让女孩感到

第 11 章　情窦初开的青春：保护好自己，与异性保持合适距离

害怕和恐惧。其实，父母越是能够保持冷静与平淡的态度对待女孩的爱情，女孩越是可以保持相应的理性。

爸妈有话说：

你长大了，当然可以享受爱情，对于你想要选择怎样的人去恋爱，爸爸妈妈并没有干涉的权利，不过爸爸妈妈想把自己的一些经验分享给你，让你作为参考。你放心，不管你选择怎样的人，只要是你喜欢的，也是你认定自己想要携手度过一生的，爸爸妈妈一定会支持你。不过，每个孩子在青春期的心智发育都是不完善的，人生经历也很匮乏，也许会误以为自己什么都知道，而实际上却是一种误解。所以，爸爸妈妈希望你能够放缓恋爱的脚步，给自己更多的时间去成长，只有冷静思考，你才能理智选择。

怎样面对一见钟情的爱情呢

在很多青春期女孩的心中，一见钟情是一件非常浪漫的事情。有的时候，女孩看到喜欢的男孩怦然心动，就误以为自己陷入了一见钟情的旋涡，无法自拔。实际上，现实生活中真正的一见钟情是很少发生的，大多数女孩之所以误以为自己一见钟情，只是一厢情愿的想象而已。

浪漫的一见钟情更多地出现在影视剧之中，因为这样来处理爱情的情节更能够吸引观众的关注，也可以给观众带来强烈的感情刺激。女孩不要被一见钟情的爱情故事所迷惑，尤其是不要被琼瑶式的爱情描写冲昏了头脑。要知道，虽然爱情是花前月下，看似不沾烟火的，婚姻却是

脚踏实地、离不开油盐酱醋茶的。从心理学的角度来说,每个人都会把自己对异性的想象和憧憬幻化成图片,存储在大脑之中。这样一来,当与之相对应的那个人出现的时候,他们就会恍惚地以为那个人是命中注定的唯一。实际上,这样的感觉纯属巧合,如果青春期女孩能够理性对待一见钟情,那么,哪怕遇到与自己的期望非常契合的异性,也可以冷静思考。

一见钟情的感情就像电光火石般灼热,虽然如烟花般绚烂,却很难长久保持下去。众所周知,烟花的一生是短暂的,当它在天空中绽放出热烈的色彩和奇幻的图案时,也就意味着它短暂的生命即将宣告结束。所谓的一见钟情,也会达到这样的效果,大多数一见钟情的感情在绚烂燃烧之后很快就会归于平静,甚至化为灰烬,所以女孩要知道真正的一见钟情很难遇到。怦然心动的时候,要保持理性,才能够更加问清楚自己的内心,才能够与心仪的异性走得更加长远。

有一天放学回家,雅菲突然紧张兮兮地告诉妈妈:"妈妈,我又谈恋爱了!"但是,妈妈对雅菲的话有些不以为然。妈妈对雅菲说:"你隔三差五就谈一场恋爱,而且对象总是变来变去,这说明你在感情上根本没有成熟,还需要更长时间的成长,才能够趋于稳定。"

听了妈妈的话,雅菲不由得感到很失落。她一本正经地告诉妈妈:"妈妈,我这次真的谈恋爱了。我对一个男孩一见钟情,他就是我梦想的样子。他高大帅气,充满阳光,我一直以来最想要的男孩子就是他的样子。"听着雅菲的话,妈妈忍不住抚摸着雅菲的脑袋,对雅菲说:"羞羞!"雅菲对于妈妈的表现很着急,她对妈妈重申:"反正我是真的恋爱了,不信你等着看吧!"看到雅菲严肃认真的样子和以往不同,妈妈感到有些紧张,虽然雅菲前几次恋爱都昙花一现,但是她这次明显

第 11 章　情窦初开的青春：保护好自己，与异性保持合适距离

比前几次更加认真。为此，妈妈决定仔细观察一段时间，如果看到雅菲与男孩有更进一步的交往，她便采取措施。

在对雅菲进行一段时间的细致观察之后，妈妈发现雅菲这次好像是动真格的了。所谓的一见钟情，让雅菲如同一个得意的爱人一样每天都容光焕发。妈妈决定找机会见一见这个男孩。在雅菲生日的时候，妈妈如愿以偿地看到了那个男孩。男孩的确非常优秀，身材高挑，长相英俊，阳光帅气，别说雅菲喜欢这个男孩，就连妈妈也很喜欢这个男孩呢！在见过这个男孩之后，妈妈对雅菲恋爱的事情也开始严肃认真起来。找了个机会，妈妈对雅菲说："这个男孩的确非常优秀，你要想抓住他的心，和他一直在一起，一定要让自己变得优秀起来。记住，如果你因为恋爱而影响学习，落后退步，他也许就不愿意再和你在一起。要想遇到更好的爱情，就要先成就更好的自己。"雅菲对妈妈的话似懂非懂，她对妈妈说："我知道，就是我要非常好，才能够拥有更好的爱情。"妈妈点点头。

当女孩真正一见钟情的时候，父母不要强制她结束感情，尤其是在两情相悦的情况下，父母的强制非但不能起到积极的制止作用，反而会促使这段感情更快速地发展。所以明智的父母不会盲目地阻止女孩，而是会采取适当的方式引导女孩，告诉女孩，唯有成就更好的自己，才能遇见更好的爱情，也唯有不断努力地提升自己，才能够始终拥有爱人的陪伴。这样一来，女孩就会有更大的动力去学习，也会让自己变得更加优秀，这显然是最好的结果。

一见钟情之后，男孩和女孩很容易因为性格不合导致彼此分道扬镳，所以，面对女孩的一见钟情，父母无须过分紧张，也不要急于作出过激的反应。与其因为反应过激而导致女孩更加投入一段感情，还不如

采取静观其变的态度,这样,在女孩认真对待感情的时候,父母也可以有的放矢地引导女孩。

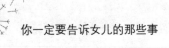有话说:

当你把爱情化作动力时,在成长的道路上,你就会变得更加与众不同。现代社会,男孩与女孩的社会角色和地位完全平等,女孩不但要温柔美丽,也要有渊博的知识和超强的能力,才能拥有更好的爱情与人生的伴侣。

女孩不要盲目追星

甘肃有一个女孩叫杨丽娟,她非常喜爱刘德华,几乎达到了痴狂的程度。自从十六岁在电视屏幕上看到刘德华,听到刘德华极富魅力的歌声,杨丽娟就无可挽回地爱上了刘德华。为了追求刘德华,她不但辍学,还花费父母微薄的退休金,四处追随刘德华的脚步。刘德华在哪里开演唱会,她就跑到哪里去看。渐渐地,原本就属于普通工薪阶层的家庭经济上越来越困窘。有一次,杨丽娟为了去香港参加刘德华的见面会,花了很多钱,带着父母一起去了香港。然而,在这次见面会上,杨丽娟并没有如愿以偿地见到刘德华,也没有和刘德华说上一句话。父亲看到杨丽娟这么痴狂的样子,觉得无力承受,最终选择自杀。失去了父亲的杨丽娟,才意识到,这些年来自己沉浸在对刘德华的狂热追求中,给整个家庭带来了如此沉重的经济负担,也让双亲承受了如此大的绝望和无助。

第11章 情窦初开的青春：保护好自己，与异性保持合适距离

青春期的女孩很容易陷入对偶像的疯狂追求和迷恋之中，这是因为，偶像每次出现在影视剧中的时候，或者出现在公众面前的时候，总是表现出最完美的一面。为此，女孩就对偶像产生了错误的认知，误以为偶像是没有任何缺点的，也觉得偶像就是她们最心仪的对象。尤其是青春期的女孩，她们正处于性意识的觉醒时期，对爱情的理解不够深刻，非常冲动。与此同时，女孩们还承受着巨大的学习压力、面临繁重的课业任务，为了让自己暂时从现实的沉重之中逃逸出来，她们便把思想和感情寄托在偶像身上。不得不说，虽然偶像满足了青春期女孩对于爱情的想象和对于感情的寄托，但是盲目追星对于青春期女孩的成长而言是非常糟糕的。

对于青春期女孩来说，她们的确急需一个人生的榜样。所以，偶像的出现，对她们的成长原本应该是一件好事情，如果她们可以从偶像身上学习优点和长处，努力提升和完善自己，成长就会得到力量。但是，如果她们对偶像的崇拜和追求达到狂热的程度，那么成长就会受到阻碍和禁锢。

现实生活中，像杨丽娟这样疯狂迷恋偶像的人并不在少数。还有很多人在听到偶像结婚的消息之后，马上伤心欲绝，甚至极端地选择自杀。实际上，他们与偶像之间并没有真正地相处过，一直以来，他们所崇拜的只是偶像光鲜的一面。所以，女孩一定要擦亮眼睛，也要更加理性从容。

作为父母，我们要引导女孩理性追星，也要引导女孩以现实生活中的人作为榜样。有些女孩对偶像的感情比对父母的感情还深，这是因为父母只会骄纵宠爱女孩，与女孩之间没有心与心的交流，也没有感情的共鸣，这直接导致女孩与父母的感情越来越淡漠，与父母的关系越来越

疏远。

有人说，一千个人眼中就有一千个哈姆雷特。对于偶像，有的人疯狂迷恋，有的人则不愿意追随他们，甚至讨厌和唾弃他们。这样两种极端的感情都是没有必要产生的，因为偶像也是人，也有七情六欲，也有优势和弱点，只有端正态度看待偶像，女孩才能避免盲目追求偶像、迷失自我。

爸妈有话说：

你喜欢追求明星，这实际上是你对于真善美的追求，因为在你的心中这些明星就如他们塑造的影视剧形象一般光彩动人。实际上，荧幕上的形象只是偶像的一面，如果你真正喜欢一个明星，就应该深入了解他，知道他的喜怒哀乐，知道他的脾气秉性，并知道他的优点和劣势。就像每个人都不可能十全十美一样，偶像也不是十全十美的，只有揭开偶像身上的神秘面纱，我们才能够更加走近偶像，才能够理性地对待偶像。

不要陷入网络的恋情之中

网络的普及和通讯技术的发展，使得青春期女孩的成长有了更大的交际空间，除了与身边的人交流之外，通过网络和通讯技术，女孩还可以与远在天边的人进行交流。这样一来，女孩当然有机会认识更多有思想的人，但是网络上的人鱼龙混杂，有很多别有用心的人混迹于网络，试图对青春期女孩伸出魔爪。所以，青春期女孩要想保障自身的安全，不但要注意在生活中保护好自己，在网络上也要有足够的警惕意识，这

第11章 情窦初开的青春：保护好自己，与异性保持合适距离

样才能避免受到网络黑手的伤害。

实际上，很多人使用的QQ、微信只是网络聊天的一种工具，对于那些熟悉和亲近的朋友来说，如果不能够面对面地交谈，使用这些工具进行交流是非常方便快捷的。遗憾的是，很多青春期女孩对于这些聊天工具的定位产生偏差，她们觉得这些工具不但是聊天工具，而且是交友工具。为此，她们整日沉迷于网络，希望在网络上找到心爱的白马王子，这显然是非常危险的思想。在网络上交流的时候，每个人都躲在屏幕后面，根本不会露出真正的面目，这就给了犯罪分子以可乘之机，让犯罪分子有机会对女孩展开攻心术，实施诈骗，导致女孩遭遇危险、受到伤害。

随着电脑的普及，越来越多的青春期女孩开始在网络上流连忘返，或者在网络论坛不时地冒泡，或者在交友工具中通过随机抽取的方式为自己寻找朋友，还有的女孩会在婚恋网站上注册，为自己寻找白马王子。不得不说，尽管这些行为让女孩的生活半径扩大，但是其产生的效果实在难以评说。也许有的女孩运气好，的确会通过网络交到喜欢的朋友，但是这样的好运气并不是经常存在的。大多数女孩在网络上谈心的时候，往往会被犯罪分子利用，导致陷入不该有的情绪旋涡之中。

在网络的掩盖下，人们很容易就能掩饰自己，例如，有些青春期女孩原本性格很内向，不好意思对他人说出心中真实的想法，在网络的掩饰下，她们往往能更加放心大胆地表达自己，甚至从一个内向的人变成一个健谈的人。由此可见，网络的迷惑性是很强的。网络就像是一个面具，让人可以随心所欲地变成自己想要的样子，有些男孩明明已经辍学，成为社会上的闲杂人等，却在网络上假装成高大上的高富帅，无形中就蒙蔽了青春期女孩。不得不说，网络上真真假假难辨，青春期女孩心智发育不够成熟，人生经验也很匮乏，很难从复杂的网络环境中找到

自己喜欢的人，也很难如愿以偿地拓展生活的半径。尤其是在网络上陷入恋爱状态时，青春期的女孩就更加危险，如今有很多女孩擅自与网友见面，都遭到不同程度的伤害，甚至失去宝贵的生命。这些事情的发生给我们敲响了警钟，在网络世界中，女孩甚至比在现实世界中更加危险，只有擦亮眼睛，保持冷静，才能切实保护好自己。

女孩千万别误以为网络是繁花似锦的地方，而应意识到网络在繁华的背面隐藏着很多看不见的黑洞。只要稍不小心，青春期女孩就会掉入这些黑洞之中，也会因此而遭到无法挽回的伤害。父母在引导青春期女孩成长的过程中，既要适度给青春期女孩机会去接触网络，也要告诉女孩网络上存在的各种陷阱和危险。只有提高女孩的警惕意识，让女孩正确适当地使用网络，才能够避免女孩受到网络恋情的伤害。当然，有些女孩之所以沉迷网络，是因为她们没有得到父母足够的爱与关注，因此心灵空虚，所以才想从网络世界里寻求安慰。不得不说，这样的表现与父母有密切的关系。作为父母，我们一定要更加爱女孩，也要常常抽出时间来陪伴女孩，这样才能避免女孩在网络世界中误入歧途。

爸妈有话说：

网络上的爱情是不可信的，尤其是现代社会，有很多人都居心叵测。他们为了掩饰自己，在网络的面具之下改变真实模样，表现出完美的样子。所谓画虎画皮难画骨，知人知面不知心，又所谓路遥知马力，日久见人心，要想拥有真正的朋友，要想收获纯真的爱情，你一定要避开网络的陷阱。

第 11 章　情窦初开的青春：保护好自己，与异性保持合适距离

女孩为何会喜欢男老师呢

很多青春期女孩都会喜欢男老师，这些老师或者是年轻的小伙子，或者是已经人到中年散发出成熟魅力的大叔。青春期女孩正处于成长的关键时期，虽然正处于从儿童走向成人的过渡期，但是女孩的内心依然有着浓重的恋父情结。对于比她们大很多的男性，她们总是会心生好感，也希望自己在这样一段如同父女之爱般的爱情中获得更多的疼爱和宠溺。

从心理学的角度来说，每个女孩的心中都有一个公主梦，她们总是梦想着被当作公主一样对待，也总是希望能够成为爱人手心里的宝。尤其是那些看多了琼瑶式爱情故事的女孩，对于爱情更是有着无限的憧憬。她们希望自己因为爱情而获得重生，也希望自己在轰轰烈烈的爱情中获得更多的爱与关注。

毫无疑问，青春期女孩爱上男老师必然是件痛苦的事情，原本她们可以在课堂上集中精神把这四十分钟时间充分利用起来，但是，一旦对男老师产生不该有的感情，她们的注意力就发生转移。她们总是情不自禁地看向老师，也总是无法控制自己，陷入对爱情的幻想之中，这导致她们上课的时候心神涣散，根本无法集中精力听讲。

青春期女孩到底喜欢男老师什么呢？其实，就是因为和同龄男生相比男老师更加成熟睿智，而且老师在学生心目中本来就是智慧的化身，可以教给学生很多知识。青春期女孩喜欢上老师之后，很多妈妈都会大发雷霆，会觉得这不符合人伦思想。实际上，如果妈妈回想自己年轻时候的事情，那么就会发现自己可能也曾经对某一位老师有怦然心动的感觉。所以说，青春期女孩爱上男老师是青春期阶段发生的正常感情现

象，也是女孩发自真心的正常感情。当发现女孩对男老师产生喜爱之情时，妈妈一定不要紧张，更不要因此而指责女孩败坏道德。只有妈妈了解女孩的心思，女孩才会敞开心扉对妈妈倾诉，妈妈才能得到机会指导女孩儿正确面对与老师之间的感情。

从本质上来说，青春期女孩对老师的爱慕之情，并不是真正的爱情，而是对老师的尊敬、崇拜等各种复杂感情的融合。当然，这些道理对于青春期女孩来说也许讲不通，因为她们正处于对老师迷恋的阶段，往往会觉得自己的爱是世界上最伟大的爱。随着时光的流逝，她们最终会区分出来喜欢与爱之间有何不同，也会渐渐地从对老师单方面的迷恋之中走出来。

在很多高校的校园里，因为老师与学生之间的年龄差距较小，所以发生师生恋的情况并不罕见。需要注意的是，老师一定要对自己的言行举止负责，不要因为学生喜欢自己就对学生有非分之想。如果说青春期女孩在感情上是懵懂无知的，那么老师则应该成为女孩的引导者，在接收到女孩的表白之后，老师应该正确处理，这样才能够与女孩维持正常的师生关系，才能让女孩获得更好的成长。

从生命的成长过程来说，女孩对于老师的爱只是她们生命过程中一个独特的阶段。父母与其对女孩严令禁止，不如静观其变，因为女孩对老师的喜爱往往处于单相思的状态。只要父母给女孩更多的时间独自走过美好的阶段，随着不断地成长，女孩的注意力就会转移到生活的其他方面。而且，随着学业提升，女孩与老师终究会分别，此时，女孩对老师的喜爱自然会结束，或者只能以埋在心底的方式掩藏起来。

此外，从道德的角度来说，大多数老师在走上工作岗位之后，都已经组建自己的家庭，如果青春期女孩对老师的婚姻横加破坏，就会导致

第 11 章 情窦初开的青春：保护好自己，与异性保持合适距离

老师背负骂名。与此同时，青春期女孩也会毁掉自己。因此，不管是老师，还是女孩，都不应该在师生恋的感情之中沉迷，而是应该努力摆脱这一段不切实际的感情，各自奔向美好的前程。

爸妈有话说：

也许你现在觉得自己很喜欢老师，但是，随着不断地成长，你会发现老师只是你生命中的一个过客。有些女孩随着年级升高，喜欢的老师在不停改变，由此也充分证明，女孩对于老师的喜爱只是崇拜而已。所以，不要因为喜爱老师就做出过激的事情，而是要控制好自身的感情，让时间来验证你所谓的爱到底是喜欢还是真正的爱情。要相信，时间一定会给你最好的答案。

如何向青春期女孩讲述性知识

现代社会，早恋问题越来越严重。每当到了寒暑假开学之际，总会有很多女孩去医院进行妇科检查。检查结果证明，有相当一部分青春期女孩都意外怀孕，也有极少数女孩因为缺乏相应的知识，导致孩子都快生出来了，自己还浑然不知。不得不说，这是性教育的缺失给孩子的成长带来的严重后果。在孩子的成长过程中，如果父母能够肩负起对女孩进行性教育的责任，给予女孩更好的引导和帮助，那么就可以避免女孩承受不必要的伤害。

在听到女孩未婚先育的消息时，父母一定会感到万分心痛。他们不明白，自己一直以来总是向女孩隐瞒性的知识，为何女孩还会发生这样

的事情呢？实际上，父母这样的行为无异于掩耳盗铃——随着时光的流逝，女孩必然会在生命的历程中渐渐走向成熟。既然有些事情是不可避免的，那么，为了防止女孩受到更深的伤害，父母不如尽早地对女孩进行性教育，讲授性知识，这样一来，在性行为不可避免的情况下，至少女孩还可以有效地保护自己。

众所周知，英国人的思想观念是非常保守的，因此，在英国，很多父母都不好意思对女孩进行性教育，这导致英国每年都有十几万名少女未婚先孕。意外怀孕给少女的身体带来了严重的伤害，也让少女的心灵受到了创伤。和英国恰恰相反，荷兰是一个观念开放的国家，民众对于性教育非常重视，总是能够坦然面对性话题。因此，在孩子六岁前后，父母就会有意识地对孩子开展性教育，讲授性知识，正是在这样的家庭教育背景之下，荷兰未婚先孕的少女很少，这说明荷兰父母对于少女的保护非常到位。

中国也是一个传统的国家，在性教育方面相对保守和滞后，例如，中国直到初中才开设生理健康课。这些生理健康课却犹抱琵琶半遮面，有的时候还会把女孩和男孩分开来上课。这样的课程更像是在走形式主义，根本不能真正解答孩子对于性的困惑。在上完生理卫生课之后，孩子们原本懵懂的性意识更加萌发，他们忍不住强烈的好奇心，想要从其他的途径了解性知识，得到性教育。为此，很多孩子会通过浏览网页、黄色报纸书籍等方式来给自己补课。殊不知，这些性知识是没有得到官方认证的，会对孩子起到很大的误导作用。有些孩子甚至在性冲动之下做出违背道德的事情，以致给自己和他人造成巨大的伤害。

食色性也。对于人类来说，性和欲就像是吃饭一样，是理所当然的生理需求，所以，即便青春期女孩产生对性的好奇，是无可指摘的。最

第 11 章　情窦初开的青春：保护好自己，与异性保持合适距离

重要的在于，女孩在意外的性活动中总是会遭到更大伤害，而不管是男孩还是女孩，都没有能力对自己和对方负责。父母要意识到一点，那就是不管父母把性隐藏得多么巧妙，都无法阻止女孩对性的好奇和冲动。作为女孩的父母，当我们意识到女孩的性行为不可避免要发生的时候，一定要及时告诉女孩性行为的后果，也让女孩知道如何在性行为中保护好自己。这样，才能尽量避免女孩在性行为中受到伤害。

在对女孩进行性教育的时候，父母应该把重心放在道德教育方面。不管是男孩还是女孩，在和异性相处的时候，首先要尊重自己，也要尊重对方，然后才能做到爱自己，也爱护对方。爱情本身是一件非常美好的事情，如果因为爱情而使得彼此都陷入身心的巨大创伤之中，那么爱情就会成为一场噩梦。尤其是妈妈，不妨告诉女孩未婚先孕的严重后果，让女孩意识到进行性行为也许会获得一时的快乐，但是付出的代价则是长久而又惨重的。有些女孩的身体条件非常特殊，也许在经历一次早孕而流产之后，就永久失去了生育的能力。毫无疑问，这对于一个女性来说是非常残酷的事情。父母只有把这些事情都告诉女孩，女孩才会更加理性地对待性，才会有效地控制好自己。

青春期女孩虽然在体格上看起来和成熟的女性没有太大的区别，但是她们的心智发育还不够成熟，人生经验也很匮乏，所以父母一定要做好女孩的监护者和引导者工作，这样才能够保证女孩健康快乐地成长。尤其是妈妈，一定要告诉女孩与异性相处时要保护好自己，也要告诫女孩不要成为未婚妈妈。毕竟养育一个孩子需要承担很大的责任，未婚妈妈更是会受到社会的指责和排斥。面对如今越来越汹涌的堕胎潮，家有女孩的妈妈一定要防患于未然，不要等到女孩怀孕的消息再去想办法解决。与其亡羊补牢，不如理性地及时对女孩开展性教育，让女孩学会保

护自己。

父母必须意识到，对于青春期女孩来说，只有对性知识足够了解，她们才能够有效保护自己，否则，在懵懂无知的状态下，她们很容易因为爱情受到伤害。妈妈在讲授性知识的时候，可以向已经进入青春期的女孩介绍多种避孕方式，这样一来，女孩就可以在性行为中保护好自己。当然，这不是鼓励女孩过早发生性行为，而是说，在性行为不可避免的情况下，妈妈要教会女孩保护自己的诸多方式。

爸妈有话说：

孩子，你已经长大了，有了月经的初潮，也就具备了生育的能力。你已经成为了一个大姑娘，对于爱情有了需求。当然，追求爱情是每个人的权利，在爱情还不够稳定的情况下，你要学会保护自己，知道如何守住自己的底线，也要知道如何才能够成功避孕，避免让自己成为未婚妈妈。

女孩如何面对性骚扰

现代社会，性骚扰的情况时有发生，这是因为有很多女孩都不懂得保护自己，尤其是在人多拥挤的场合，她们更容易被别有用心的人骚扰。其实，对于青春期女孩来说，随着身体的不断成熟，理应提升警惕意识，这样才能够避免受到性骚扰的危害。

有些父母也许认为性骚扰距离女孩很远，毕竟如今处于法治时代。殊不知，性骚扰随时都有可能发生。对于年幼的女孩，父母要承担起保

第 11 章　情窦初开的青春：保护好自己，与异性保持合适距离

护的责任。对于年龄稍大的女孩，父母则要教会女孩如何保护自己。很多女孩并不知道什么才叫性骚扰，因此，她们明明已经遭受了骚扰，却毫不自知，而只是一味忍耐。实际上，性骚扰的概念非常广泛，除了动作上的骚扰之外，语言也可以对异性造成性骚扰，例如，一个人对异性评头论足，说一些不恭敬的话，甚至用语言挑逗异性，这些都属于性骚扰的范畴。为了防止被骚扰，女孩要对性骚扰者的概念有深刻全面地认知，也要提升自我保护意识。

如果在公开场合遇到性骚扰，女孩可以大声呼救，给对方有力的反击。而如果在人少僻静的地方遇到性骚扰，则要视实际情况而决定怎么做。有的时候，那些进行性骚扰的人心理都是有一些变态的，如果受到性骚扰，要验证对方是否内心扭曲、心理变态，再采取合适的对策。否则，如果一味地抵抗或者呼救，以不恰当的方式激怒了对方，则遭受的严重程度就会升级。

不给坏人性骚扰的机会，这是最重要的。很多女孩都喜欢过夜生活，她们每天深夜才回家，或者结伴去酒吧歌厅里玩耍。这些地方都是社会闲杂人等聚集的场所，青春期女孩应该远离这些地方，尤其是在夜深的时候，最好不要单独出门。哪怕是几个女生结伴而行，也不要在偏僻的地方逗留。

有些女孩个性非常要强，在日常生活中很容易与父母发生矛盾。当不被父母理解的时候，她们就会赌气离家出走。殊不知，离开家很容易，等到遇到危险追悔莫及的时候，想要回家，却很难。在家以外的地方，有很多的危险因素，女孩一旦落入坏人的魔爪，根本没有机会回家。所以女孩一定要记住，不要因负气离家而步入危险。

时代的发展快，有些人也变得越来越坏，很多坏人作案的手段都更

加先进。女孩要切记，不要与坏人、陌生人进入封闭的空间，也不要因为乐于助人而给坏人可乘之机。此外，在很多农村地区，性骚扰其实是由熟悉的男性施展的，这是因为父母往往缺乏保护女孩的意识，对于周围的男性总是不加防范。

性骚扰不仅针对青春期女孩，如今，心理变态者不乏其人，因此，父母也要有意识地保护好年幼的女孩。之前有一篇报道，在北京一家幼儿园里，父母因为每天晚上下班的时间都很晚，所以会在幼儿园放学之后把女孩托付给幼儿园的保安代为看管。一开始，父母非常感激这个保安，每到逢年过节的时候，还会买一些礼物送给保安。直到有一天，女孩放学回家之后说自己的下体非常地疼，妈妈在检查女孩的下体之后，瞬间崩溃。原来，年幼的女孩被保安性骚扰了。爸爸妈妈这才知道，一直以来，他们亲手把女儿推到了魔爪之中。不得不说，这种情况的发生，与父母监管不力有着不可分割的关系。父母即使忙于工作，也不能忽略对女孩的监管，否则很容易导致女孩受到伤害。此外，父母还要有意识地培养女孩的安全意识，如果女孩有安全意识，在最初遭遇性骚扰之后，就会向父母倾诉。有安全意识的女孩，不允许外人触摸她们的胸部阴部等隐私部位，一旦有人触犯她们，她们一定会马上告诉父母，这样就能够及时避免被骚扰的情况再次发生。

女孩在成长过程中一定要加倍小心，尤其是和男孩相比，女孩更容易遭受性骚扰，所以女孩不应该和除父亲以外的任何男性单独在一起，哪怕是亲属关系也不行。据很多受过性骚扰的女性回忆，她们小时候遭遇性骚扰，大多数是由熟悉的人做出的。如前段时间在网络上炒得沸沸扬扬的汤兰兰案，让人简直难以置信，事实真相至今依然扑朔迷离，但一定有水落石出的天。

第 11 章 情窦初开的青春：保护好自己，与异性保持合适距离

爸妈有话说：

当不幸遭到性骚扰之后，你一定要及时向父母求助。我们会给予你信心，让你坚信家永远是你温馨的港湾，父母永远是你最坚定不移的支持者。

性骚扰无处不在，这使你的成长面临很大的危机，不管是面对熟悉的男人还是面对陌生的男人，你都一定要有足够的警惕意识，不要与陌生的男性单独相处。甚至，对于陌生的女性，你也要保持警惕心理，这样才能保护好自己。

第 12 章
别害怕谈论"性":每个人成长中都会遇到这个问题

在传统的教育观念之中,父母根本不好意思对孩子进行性教育,每当提起关于性的话题时,父母也总是刻意回避。殊不知,这样的回避并不能阻挡孩子成长的脚步,哪怕父母再怎么不愿意提起性,孩子也无可避免地成长起来。与其等到孩子在成长过程中被伤害,还不如主动对孩子进行性知识的教育,这样,孩子才能够对性有更深入的了解,才能够在成长过程中更好地保护自己。

接吻就会生孩子吗

　　成长到一定阶段后,女孩一定会对于生命的延续产生好奇,这其实是人的本能。每个人都希望探索生命的来处,知道生命的去处。当女孩开始询问母亲关于生命现象的各种问题时,就意味着女孩的内心开始成熟。尤其是在进入青春期之后,女孩持续发育,身体在很多方面都会出现很大的变化,在此时期妈妈更要有的放矢地引导女孩了解性知识,帮助女孩知道月经的形成与生育之间的关系。这样,女孩才能解开人体的奥秘,知道生命是通过怎样的方式延续的。

　　很多女孩误以为,爸爸妈妈只要睡在一张床上,就会生出一个小宝宝。不得不说,当女孩有这种想法的时候,意味着她们还很幼稚。随着渐渐长大,女孩的月经初潮到来,她们对生命真相的探索又更进一步。借助于月经初潮的到来,妈妈最好告诉女孩女性是如何怀孕的,并向女孩解释月经的原理。这样一来,女孩就会知道在月经周期前后自己的身体发生了怎样的变化,也会知道自己从此之后具有了生育的能力,可以进行生命的延续。

　　一个新生命的诞生,需要具备两个方面的因素,一个是妈妈的卵子,还有一个是爸爸的精子。卵子和精子在它们的鹊桥——输卵管内相遇,彼此结合,形成一个受精卵。此后,受精卵进入妈妈的子宫,扎根

第 12 章 别害怕谈论"性":每个人成长中都会遇到这个问题

下来,形成一个胚胎。妈妈的子宫就像沃土,受精卵在上面生根发芽,慢慢成长。经过近十个月的漫长生长,受精卵成长为一个成熟的宝宝,才到了瓜熟蒂落的时刻。简而言之,妈妈必须经过三个步骤,才能够成功受孕。第一个是排卵,第二个是受精,第三个是受精卵在子宫内扎根,不断地分裂成长。只有在进行完最后一步之后,这个新生命才算真正诞生,才意味着受孕成功。

孕育新生命的过程中,妈妈非常辛苦。为了让新生命健康成长,妈妈不但要忍受身体内激素的变化带来的痛苦,还要努力摄入充足的营养,保证新生命健康茁壮地成长。女性的身体在二十五到三十岁之间,是成熟的巅峰期。在这个阶段,女性孕育的新生命往往是高质量的。如果年纪过小,女性的身体相对稚嫩,自己还没有发育成熟呢,如何能够孕育出高质量的生命呢?而如果过了三十岁,女性的年龄又有些大了,受精卵的质量会大大降低。所以,要想孕育出健康茁壮的生命,最好把怀孕的时间控制在二十七八岁到三十岁之间。只有这个阶段,对于女性来说怀孕时机更佳,孕育的生命会更加强壮。对于青春期女孩来说,她们的身体正处于生长发育的阶段,自身的体质尚没有达到巅峰,所以还不能承担起孕育生命的重任。为此,在青春期,女孩应该以自身的成长为主,尤其是在有了心爱的男孩之后,更要控制好两个人之间的距离和关系,这样才能够更加和谐融洽地相处,才能够在爱情的激励下携手并肩一起成长。

琪琪已经读初二了,最近她向喜欢的男孩表白,正好那个男孩也非常喜欢她,所以他们一拍即合,成了一对热恋中的情侣。

以前,琪琪总是盼望着周末的到来,因为这样她就可以在家休息,不用去学校上学。但是自从恋爱之后,琪琪再也不想过周末,因为一到周末她就看不到喜欢的男孩了。有一个周末,男孩主动邀请琪琪看电影,琪琪答应了。到了约定的时间,琪琪找了个借口溜出家门,和男孩手拉手一起去看电影。在电影院黑暗的环境中,看着激动人心的爱情情节,男孩忍不住亲吻了琪琪,琪琪却感到很害怕,电影都没有看完就跑回家里。

看着琪琪失魂落魄的样子,妈妈不知道发生了什么事情,赶紧询问琪琪。琪琪紧张地问妈妈:"妈妈,男人和女人只要接吻,就会生出孩子来吗?"听到琪琪的话,妈妈忍不住笑起来。妈妈告诉琪琪:"男人和女人接吻并不会生孩子,只有生殖器官的接触,让精子和卵子相互结合,形成受精卵,才会生孩子。"琪琪悬着的心这才放下来,看到琪琪如释重负的样子,妈妈似乎明白了琪琪经历了什么。她对琪琪说:"琪琪,青春期的男孩和女孩会有性冲动,所以,在彼此有好感的情况下,应该避免肢体的接触,否则就可能做出更加过激的行为,给彼此的身体带来很大的伤害。青春期可以恋爱,但是青春期的爱情应该是更理性的,以帮助彼此、鼓励彼此,一起进步和成长为主,这样的恋爱才是对成长有益的。"听完妈妈的话,琪琪红着脸点了点头。

很多女孩都缺乏性教育,以为只要互相亲吻就会生出孩子来,虽然这样的想法幼稚得可笑,但是也正暴露出父母对于女孩性教育的缺失。性是彼此相爱的人之间水乳交融的一种方式,也是他们进行身体、灵魂相融合的方式之一。所以性应该建立在彼此真爱的基础上,而不应该是基于冲动,更不应该是基于其他的原因。青春期女孩儿把爱情看得最高无上,那么也要把性看得更加重要,这样才能够在真正寻找到爱情的时候尽情地绽放自己。

第 12 章 别害怕谈论"性":每个人成长中都会遇到这个问题

爸妈有话说:

　　接吻不会令你生出孩子,但是,当你处于恋爱的状态之中时,一定要把握好底线,不要因为性的意识萌动就做出在这个年纪不该做的事情。有些事情一旦做出,就会给自己带来伤害。你还小,应该以学业为重,可以默默地喜欢一个人,但不要过于着急地投入爱情之中。

处女是什么意思

　　在各种书籍、影视剧,或者是在现实生活的沟通之中,经常有人会提起"处女"这个词语。那么,处女到底是什么意思呢?处女膜又是什么呢?如果女孩经常听到这个词语,却不知道这个词语的意思,那么就会对此感到更加好奇。与其让女孩独自去猜测处女的意思,不如对女孩儿进行性知识教育,这样女孩就可以了解处女的含义,从而更加理性地对待爱情,把握好与异性相处的限度。

　　处女指的就是从没有与异性发生过性行为的女孩。处女膜是女性阴道口的一层组织膜,一般情况下,如果女孩与异性发生性行为,处女膜就会破裂。有的女孩在处女膜破裂的时候会有出血,有的女孩即使处女膜破裂,也不会出血。因此,第一次性行为是否出血,并不能验证女孩是否处女。其实,处女是来自于封建社会思想的一种称呼,用来代表女孩的贞洁。现代社会,思想观念更加开明,女孩是否处女并不意味着这个女孩是否贞洁。实际上,在成人的社会里,很多情侣为了验证彼此是否合适,经常会在婚前发生性行为。虽然婚前性行为可能会给他们带来很大的危害，但是这样亲密的接触也让他们更加了解对方。当然，婚前性行为是不提倡的，没有婚姻的约束，情侣之间的关系并不十分牢固。尤其是对于青春期女孩来说，心智发育不成熟，人生经验也很匮乏，在与异性相处的时候，常常会因为冲动而做出过激的举动。

从人体器官的角度来说，处女膜绝不是贞洁的代表。女孩的生殖系统比较脆弱，阴道黏膜的酸度也很低，所以无法有效抑制外部细菌的入侵，因而少女的处女膜比较厚，能够对女性的生殖系统起到非常好的保护作用。青春期之后，女孩的生殖系统发育不断成熟，女孩体内的雌激素越来越多，这个时候，女孩阴道的抵抗能力大大增强，处女膜对于阴道的保护作用也渐渐变小。除了性行为会导致处女膜破裂之外，女孩在成长过程中的激烈运动也会导致处女摸破裂。

在封建思想的影响下，很多人认为，一旦处女膜破裂，就意味着女孩失去了贞洁，实际上这是错误的。女孩是否贞洁，与处女膜是否破裂没有必然的关系，因为处女膜破裂的原因有很多，例如，剧烈运动，使用卫生棉条，或者遭遇性侵。也有一些女孩在年幼的时候不懂事，无意识地把异物塞入阴道，同样会导致处女膜破裂。所以说，现代社会的女孩无须因为处女膜破裂而背负沉重的精神负担。不过，为了自身的健康，女孩还是应该保护好处女膜，这样才能保证生殖系统的健康，才能保证阴道的干净整洁。

爸妈有话说：

孩子，处女膜是人体的性器官之一，是一张随着不断成长变得越来越薄的膜。小时候，处女膜对于阴道会有很好的保护作用，在成长的过程中，你也许一不小心就会破坏处女膜。所以，你应该保护好它，同时

第12章 别害怕谈论"性":每个人成长中都会遇到这个问题

洁身自好,让自己健康地成长。

女孩为何会有性幻想呢

青春期中,不仅男孩会出现性幻想的行为,女孩也会出现性幻想的行为。对于女孩来说,当关于性的情形反复出现在脑海之中时,她们会认为这些关于性的幻想都是道德堕落的表现,因而产生罪恶感。实际上,从青春期成长发育的角度来说,出现性幻想完全是正常的,女孩无须过于紧张,也不要因此就否定和批判自己。

新生命呱呱坠地之后,性腺始终处于沉睡的状态,所以孩子在婴儿阶段、幼年阶段从来不会产生性幻想。随着不断地成长,孩子身体的各个器官都得以发育,所以他们的性开始发育,也渐渐趋于成熟。尤其是进入青春期,青春期女孩的身体内分泌出大量的性激素,在激素的强烈作用下,她们就会产生性意识的萌动,对于性充满了好奇和渴望,忍不住开始想象和虚构一些关于性的内容。

现代社会,信息传递的速度很快,信息量非常大。不管是通过书籍,还是通过网络,或者是通过电视节目,女孩都会接触一些关于性的知识。再加上性冲动的萌发,女孩会情不自禁地出现性的需求,发生性的心理反应。有的时候,女孩会在脑海中幻想各种关于性的情景,把那些自己从各个途径中看到的性镜头进行深入加工。如果有爱慕和喜欢的人,女孩还会情不自禁地让那个人成为性幻想的主角,幻想的情形很像女孩儿自编自导的一场爱情大戏,而且是以性为主的。需要注意的是,性幻想是指人在清醒的状态下对自己目前无法真正做到的性行为展开的想象，所以性幻想与女孩夜晚睡熟之后做的关于性的梦截然不同。

在性意识的萌动之下，很多青春期女孩对性的幻想总是无法控制，其实这是青春期的一种本能，也是人的一种本能。当然，即便性幻想是正常的生理反应和心理现象，女孩依然不能放任自己沉迷于其中，毕竟青春期是人生之中最宝贵的时期，是学习和成长的关键阶段。父母更要有意识地转移青春期女孩的注意力，从而让女孩把更多的时间和精力用于做有意义的事情，这样一来，就可以把女孩的注意力从性幻想之中转移出来。

通常情况下，如果接触到很多关于性的书籍、图片等，往往会导致女孩的性幻想更加严重。要想控制好自己不进行性幻想，女孩就应该避免接触过多描写性的内容。如果觉得精力太过旺盛，无处发泄，可以与同学、朋友等一起去参加丰富多彩的课余活动，诸如爬山、郊游等。当发泄完多余的精力，女孩就可以在夜晚的时候拥有一个好睡眠。当然，如果性幻想非常严重，已经影响到女孩正常的生活和学习，那么女孩也可以向父母或者是其他长辈求助，从而得到有效的帮助。不得不说，过度的性幻想是一种心理疾病，所以女孩也不妨求助于心理医生，在心理医生的疏导之下，学会控制自己的幻想。

最近这段时间，琪琪的脑子里总是充满了性幻想，有的时候正在上课呢，她就开始走神。琪琪非常喜欢班级里的一个男生，那个男生就坐在她的前面，所以琪琪常常盯着男生的背影出神，沉浸在那些让自己脸红心跳的幻想之中。有一天，琪琪正沉浸在幻想中，突然老师喊她起来回答问题，她站起来一声不吭，尴尬极了。琪琪甚至觉得老师已经看穿了她的心思，因此，此后一直低着头看书。

不得不说，性幻想给琪琪的学习和生活带来了很大的负面影响。

第12章 别害怕谈论"性"：每个人成长中都会遇到这个问题

为了减少性幻想的次数，琪琪应该尽量避免看那些关于性的书籍、画册等，这样才能够远离性幻想。对于喜欢的男孩，琪琪也应尽量不去想入非非，尤其是在课堂上，一定要集中精力听老师讲课，只要成功地转移注意力，性幻想自然会有所转移。

从人类大脑活动的特点来看，一个人在同一个时间点只能对一件事情全神贯注，所以，当沉迷于性幻想的时候，女孩要积极地转移注意力，关注其他的事情。这样一来，性幻想就会渐渐消失。

爸妈有话说：

青春期出现性幻想，是正常的生理反应，也是人的本能之一。只要你能够积极地转移注意力，采取合适的方式释放多余的精力，渐渐地，你就会从性幻想之中摆脱出来，恢复从前的简单快乐。

什么是避孕套

当青春期女孩有了月经初潮，这就意味着她们开始有成熟的卵子排出，也意味着她们具备了生育的能力，可以延续生命。父母面对走向成熟的女儿一定会感到非常欣慰，也会感到担忧，因为他们害怕女儿会受到伤害。其实，不管父母是担心还是回避，都不能阻挡女孩渐渐成长的脚步，父母一定要积极主动地教给女孩一些避孕的知识，这样女孩才能了解生育的原理，合理有效地保护自己。

在现代社会，使用最为广泛的避孕工具就是避孕套。避孕套不但能够避免女孩在性行为之中怀孕，还可以阻断与异性之间的性器官发生接触,预防艾滋病的发生。所以正确使用避孕套对于保护女孩来说是非常重要的。

避孕套是一种非常薄的橡胶制品,在性行为发生之前,男性将其套在阴茎部位,这样一来,男性与女性的生殖器官就不会发生接触。在性活动过程中,男性的精子不会进入女性的体内,女性自然不会怀孕。此外,因为性器官的隔离,也会使男性和女性之间的生殖卫生状况更好,从而降低艾滋病、性病等各种疾病的传播概率。

使用避孕套要掌握正确的方法,一旦方法不正确,就会导致避孕失败。具体而言,首先,使用避孕套要在性交行为正式开始之前,也就是在性器官相互接触之前就开始使用。其次,在性行为之后,要及时地将男性的性器官和避孕套一起从女性的阴道之内取出,从而避免避孕套滑落,导致女性怀孕。此外,使用避孕套一定要在使用之前检查避孕套是否有漏洞,否则就会导致避孕失败。总而言之,避孕套的使用方式一定要正确,才能保证避孕达到良好的效果。

避孕套的避孕概率很高,但是也会有失败的可能。如果避孕套避孕失败,可以采取紧急避孕的方式进行亡羊补牢,也就是口服紧急避孕药。紧急避孕药是一种在发生性行为之后七十二小时内服用的药物,可以有效地阻止受精卵着床,从而避免女性怀孕。

当然,最好的保护方法就是在青春期中杜绝性行为的发生,毕竟青春期女孩还很年轻稚嫩,对于爱情也没有深刻的理解,所以她们未必知道自己想要怎样的爱情,与其在性行为发生之后给自己带来无法挽回的伤害,还不如擦亮眼睛,更长久地考察恋爱的对象,最终再确定自己是否要和对方厮守终身。

不管是避孕套还是紧急避孕药,对于女孩来说,都是在性行为不可

第 12 章　别害怕谈论"性"：每个人成长中都会遇到这个问题

避免要发生或发生之后采取的自我保护措施，也是一种补救的措施。如果女孩做不到拒绝性行为，那么，在发生性行为的时候一定要做好防护措施，或者在意外的性行为发生之后及时采取措施补救，以最大限度地避免怀孕。

这段时间，琪琪发现班级里的男生们常常拿着一个奇怪的东西彼此传递，琪琪不知道男生拿的是什么，忍不住想要看一看，男生却马上紧张地将其藏起来。有一天，琪琪无意间问起好朋友："男生到底在干什么呀？他们每天都拿着一个奇怪的东西在研究。"好朋友笑着问："琪琪，难道你真的不知道吗？"琪琪摇摇头："我当然不知道。我有一次想看，他们都不给我看。"好朋友忍不住拍了琪琪一下，说："他们幸亏没给你看，不然你一定会面红耳赤。"琪琪疑惑地看着好朋友，好朋友解释道："男生拿着的是避孕套呀！"听到好朋友的回答，琪琪惊讶得瞠目结舌。好朋友说："这有什么呢？你可能不知道，班级里有几个男生和女生已经尝试过了，所以他们才需要用到这个东西。"

琪琪非常惊讶，她没想到身边的男生和女生居然已经进行了成人之间的性行为。后来，琪琪在网络上搜索关于避孕套的知识，才了解到避孕套可以避免怀孕，也可以防止性病。

对于青春期的男孩和女孩来说，他们之中很少有人知道在发生性行为的时候要使用避孕套，这是性教育的缺失导致的。如果男孩和女孩在发生性行为的时候可以正确地使用避孕套来阻止怀孕，保证彼此的卫生安全，可让女孩避免怀孕而受到伤害。

很多事情，并不是父母禁止就不会发生的。青春期的男孩和女孩对于性有着强烈的好奇心，因为性意识的冲动和萌发，他们会在特定的场合做出无法控制的事情。所以，当性行为来势汹汹、不可避免的时候，最重要的是教会女孩使用避孕工具，从而更好地保护自己。

爸妈有话说：

在月经初潮之后，你就已经具备了生育能力，这意味着，如果你与异性发生性行为，你就很有可能怀孕。你还很小，最重要的是避免发生性行为，如果发生性行为，就一定要采取使用避孕措施来保证安全。如果在无法预料的情况下发生性行为，也不要感到慌张，而是要第一时间告诉爸妈，我们会和你一起面对和解决问题。

人流——你不可不知的痛

在人潮汹涌的城市街头，总是会看到那些如同牛皮癣一样的小广告，这些小广告被一波一波地清理之后，马上铺天盖地地卷土重来。认真看这些小广告，你就会发现，很多广告都是关于无痛流产的。

青春期女孩一旦发生性行为，很容易导致怀孕，这是因为青春期女孩的身体渐渐成熟，在月经初潮来临之后，她们每个月都会排出成熟的卵子，一旦卵子与精子在输卵管内相遇结合，形成受精卵，女孩就会怀孕。

青春期女孩还很年轻，她们的人生有无限的可能性。对于爱情，她们尽管憧憬，却不能做到深入了解。青春期女孩本身就是个孩子，又如何能够承担起孕育另一个生命的重任呢？所以，当青春期女孩怀孕时，流产就成为大多数女孩的选择。和辛苦怀胎十个月、让生命瓜熟蒂落的过程完全不同，流产是人为终止生命的孕育过程，会给女孩带来很大的

第 12 章 别害怕谈论"性":每个人成长中都会遇到这个问题

创伤。近年来,无痛流产非常流行,很多女孩儿在不小心怀孕之后,因为不敢告诉父母,都会选择以无痛流产的方式终止妊娠。其实,所谓的无痛流产,只是在手术过程中给女孩持续注入麻药而已,并不能减少流产给女孩身体带来的伤害,只是让接受手术的意外妊娠者可以在没有知觉的情况下终止妊娠。

　　流产并非什么时候都可以进行。近些年来,随着技术的进步,在怀孕一到两个月的时间里,可以采取药物流产的方式让它们终止发育,因为在这个阶段胚胎才刚刚开始发育,它们的生命力很弱。如果超过两个月时间,则胎儿已经拥有了骨骼,这个时候,如果强行中止妊娠,会对女孩的身体和子宫带来严重的创伤。当怀孕超过三个月的时候,流产手术已经不能终止妊娠,必须进行引产手术。引产手术就是把不足月的胎儿生出来,这对女性的身体会造成巨大的创伤。因此,青春期少女在发现自己意外怀孕之后,一定不要因为害怕而刻意向父母隐瞒实情,毕竟适合药物流产的时间只有一个月,而且适合流产的时间也只在一到三个月之内。一旦错过这个时间,女孩的身体就会受到更大的损伤。

　　有的女孩因为体质的原因,一生之中只能怀孕一次,例如,女孩是熊猫血,那么再次怀孕会导致她怀孕失败。再如有的女孩在怀孕之后,因为害怕而不敢把这件事情告诉父母,选择独自去街边的小诊所流产,可想而知,街边的小诊所卫生状况堪忧,会给女孩的身体带来不可挽回的损伤。在这种情况下,女孩会患上严重的妇科疾病,甚至不孕不育。有的女孩在意外流产之后,等到将来有一天长大成人,想要组建家庭的时候,还会发生宫外孕,这都是妇科疾病导致的。所以女孩千万不要轻信所谓的无痛流产,觉得只要自己感受不到痛苦,流产就不会对身体造成有伤害,这是掩耳盗铃,也是自欺欺人。不管女孩是否能够感到痛苦，流产对身体的伤害都是无法挽回的。

有些女孩在流产之后很快就再次进行性行为，有些无知的女孩，甚至在一年的时间内几次流产，不得不说，这是对自己的不负责，更是对自己肆无忌惮的伤害。在流产之后，子宫受到很严重的创伤，需要经历三个月左右的恢复期，才能够恢复健康，所以在此期间是绝对要禁止性行为的。

面对青春期出现的性冲动，女孩一定要控制自己，避免做出不理性的行为，否则就会令自己陷入被动的状态，导致身体在伤痛之中无法恢复正常。随着身体的成熟，女孩怀孕的可能性越来越大，尤其是青春期女孩，受到性意识和性冲动的影响，如果再有心仪的男孩，那么，在两情相悦中，很容易做出超前的性行为。切记，在进行性行为的时候，女孩一定要做好避孕措施，万一不小心怀孕，也一定要及时告知父母，这样才能够寻求到有效的帮助。有的女孩非常粗心，明明例假已经超过三个月没有来了，她们却不知不觉，导致胎儿长得非常大，只能进行引产手术。这个手术非常残忍，把胎儿活活杀死在腹中，对于女性来说也是极大的伤害。

爸妈有话说：

你一旦发生性行为，又没有采取合理有效的保护措施，就要密切注意自己的身体情况。不要因为怕被爸爸妈妈责骂而故意隐瞒情况。记住，唯有及时地向我们求助，才能避免更加恶劣的情况发生。

第 13 章
爸爸妈妈对你说：女孩，保护好自己才是对生命最大的珍惜

对于生活的理解，每个人都是仁者见仁，智者见智。有的人觉得生命是一场没有归途的旅程，有的人觉得生命是一场意外的惊喜，有人觉得生命是一场磨难，让人顿悟。一千个人眼中就有一千个哈姆雷特，对于生命，每个人都有自己与众不同的见解。对于女孩来说，她们的内心更加丰富细腻，她们的感觉更加敏锐，所以，对于生命，每个女孩都有自己独特的感悟。

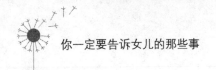

生命教育不可缺失

前些年,深圳的富士康发生了骇人听闻的"十二连跳"事件,这事件让整个富士康都蒙上了沉重的色彩,也让社会人士对此高度关注。为何年轻人非但不珍惜生命,反而一举结束生命呢?其实,不仅成年人有这样的困惑,那些青春期的女孩,也常常会陷入这样的困惑之中。

数据显示,不管是大中小学,每年都会有自杀的事件发生。这些数据告诉我们,孩子的心理问题同样不可忽视,作为父母,我们应该更加关注孩子的心理问题,从而帮助孩子疏导情绪,恢复心理健康。

随着不断地成长,孩子对于生命的理解是更深刻还是更肤浅,这并没有一定的趋势。实际上,孩子对于生命的抉择,还是取决于他们对生命的理解和感悟。在成长的过程中,父母要引导孩子更加感恩生命,也要培养孩子承受挫折的能力,这样孩子才不至于因为一点小小的问题就放弃生命。不得不说,对于青春期女孩来说,生死这个话题无疑显得太过沉重了,但是每个人都是向死而生,每个新生命从降生开始就在以不同的方式走向死亡,所以,生死教育,对于青春期的女孩来说是不可缺少,也是不可回避的,应该成为家庭教育的重要内容。对于生死,如今这些总是衣食无忧的孩子们并不懂得真正的含义,他们甚至不能驾驭和主宰自己的生命,而又常常把死挂在嘴边,要挟父母。不得不说,这样

第13章 爸爸妈妈对你说：女孩，保护好自己才是对生命最大的珍惜

的行为是非常幼稚的，也是让父母感到特别痛心的。

成长的过程中，孩子总有机会接触到死亡，例如，他们的偶像自杀了，家里有老人去世，甚至父母也有可能突然离开他们。对于孩子而言，这样的经历自然是悲痛的，却又恰恰可以引发他们更加深入地思考死亡。

现在的孩子承受能力特别差，这使得他们哪怕在生活中拥有再多也从不感到知足。对于他们而言，生命不是一场没有归途的旅行，而是一场随时都有可能终止的旅程。一直以来，中国人都避讳提及死亡，人们把生死作为谈话的忌讳，很少主动谈起生死，尤其是父母与孩子之间，更是不愿意提起生死。但是父母们不知道的是，青春期女孩不断地成长，会接触到越来越多的残酷的现实，这会与她们从小以来享受到的父母无微不至的关注和照顾形成强烈的对比，以致她们很容易产生轻生的想法。在如今的中国，每个孩子都在承受着巨大的学业压力，不得不完成繁重的课业任务。如果与父母之间的沟通不顺畅，女孩就会更加郁郁寡欢。在这种情况下，孩子的心理问题又该如何解决呢？

很多父母毫无限度地满足孩子所有的需求，却不知道，对于孩子而言，生命教育才是本位教育。正如人们常说的，健康是一，其他的一切，诸如金钱、物质、权力等都是零，只有在拥有健康的情况下，这些才有意义。同样的道理，生命也是人生存在的根本，是人生存在的基础，如果不能保证孩子的生命，那么，对孩子付出再多又有什么意义呢？

有些女孩动辄把死挂在嘴边，是因为她们并不知道死的真正含义，所以总是用死来要挟父母。父母一定要告诉女孩死的真正意义，让女孩可以深入思考死亡。当然，也没有必要让女孩非常畏惧死亡，而是应该

引导女孩正确对待死亡。

生命教育的缺失，让父母对女孩的教育变成了无根的浮萍。如果不能保证女孩的生命安全、让女孩对于生命有更深刻的理解或者以感恩的态度面对生命，那么，女孩即使获得再大的成就又有什么用呢？很多父母觉得孩子还小，在和女孩谈到生死问题的时候，往往刻意回避。殊不知，唯有让女孩了解生死的意义，女孩才会更慎重地面对生死，而不会动辄把死亡挂在嘴边；也只有让女孩了解死亡的意义，女孩才会向死而生，珍惜自己在生命历程中拥有的一切。父母要让女孩知道，死是一件无法后悔的事情，人死不能复生，从而让孩子更加珍惜生命，更加珍惜自己能够呼吸空气、享受阳光的每一天。

爸妈有话说：

每当听到你把死亡挂在嘴边的时候，爸爸妈妈的心里都是十分悲痛的。其实，爸爸妈妈给了你生命，并不想看到你随随便便就把生命抛弃，而是希望你能够拥有属于自己的精彩人生。也许爸爸妈妈对你干涉太多，打着为你好的旗号控制你的人生，这当然是不正确的，我们会反思并改正。从此以后，我们希望你可以过好每一天，也希望你可以用心地面对生命的每一分每一秒。

当被孤独感包围，女孩应该怎么办

很多女孩常常会感到孤独，虽然她们生活在热闹的家里，但是她们常常觉得自己与家人的关系非常疏远，也觉得自己与外部世界几乎扯

第 13 章　爸爸妈妈对你说：女孩，保护好自己才是对生命最大的珍惜

不上什么联系。这到底是为什么呢？很多父母看到女孩孤独痛苦的样子时，总觉得女孩患上了严重的心理疾病，因而忙不迭地带着女孩去看心理医生。实际上，青春期女孩感到孤独的情况时有发生，父母最重要的不是带女孩去看心理医生，所谓心病还需心药医，对父母来说，最重要的是能够陪伴女孩，并能够打开女孩的心扉，真正走入女孩的内心。

很多父母都会发现，女孩在年幼的时候很愿意把所思所想拿来与父母分享，例如，她们会主动告诉父母自己这段时间做了哪些事情，有什么样的感受，也常常在遇到难题的时候向父母求助。但是，到了青春期之后，女孩心中的秘密越来越多，对于很多为难的事情，她们并不想向父母求助，这使得她们一方面想要守住内心的秘密，另一方面又因为无力解决问题而感到万分痛苦。在这样矛盾的状态之下，她们非常渴望与他人进行交流，却又因为无法相信身边的人，陷入孤独的状态之中。有些女孩甚至会产生与世隔绝的感觉。实际上这都是因为缺少沟通导致的。

小时候，女孩也许对父母、老师言听计从。如今，她们有了自己的想法，所以常常质疑来自外界的意见，对于父母的唠叨和啰唆也常感到心烦不已。尽管这个阶段的孩子很渴望得到同龄人的理解，但是她们真正信任的同龄人和她们一样浑浑噩噩，根本没有办法从一定的高度上指导她们。她们处在这种状态下的时间久了，就会产生孤独感。

青少年的孤独是一种浅层次的孤独，尤其是青春期女孩，她们心思细腻，自信，内心非常倔强。随着自我意识的发展，她们越来越想把自己区别于外部世界，从而拥有独立的人生。但是，青春期女孩很容易陷入困惑之中，如果说孩子在一岁前后需要脱离母乳，那么，对于青春期的女孩而言，她们也同样在经历断奶期。在这个阶段，她们要从心理上

摆脱对父母的依恋，也要不断地提升和完善自己的能力，让自己做到独立面对世界。毫无疑问，对于青春期女孩而言，这是一个艰难的过程。

为了缓解青春期女孩的孤独，父母可以更多地陪伴女孩。需要注意的是，陪伴并不在于时间的长短，而在于质量的高低。很多父母不能真正理解女孩内心的所思所想，而常常否定和批评女孩，这样一来，会使得女孩更加关闭心扉，不愿意与父母沟通，反而收到事与愿违的效果，让女孩倍感孤独。同时，父母可以对女孩进行积极的心理暗示。女孩之所以感受到孤独，实际上是一种心理状态的异常，因为她们正处于学习的阶段，处于各种思想和观念形成时期，所以她们不会表现得特别固执。只要父母能把话说到女孩的心坎里去，女孩就会积极地采纳父母合理的建议和意见。

面对孤独的女孩，有的时候父母不需要说太多，在女孩感到内心脆弱的时候，只需要默默地守候在女孩身边，给予女孩一个无声的拥抱，也许就能给女孩很大的力量。其实女孩需要的不是父母所谓的经验，也不是父母为她们提供更加合理的方案，而只是希望能够得到父母的理解和包容。只有得到父母的支持，女孩才不会感到茫然、不知所措。

对于女孩来说，一味地从他人那里寻求帮助是很被动的。人生是漫长的，有些女孩的青春期会持续到十八九岁到二十岁之间，所以女孩除了要向父母寻求帮助之外，也应该学会自我排遣孤独的情绪。书籍是人类精神的食粮，也可以是女孩最好的伴侣。在感到孤独的时候，女孩不如打开书本，通过书本与伟大的哲人相互交流思想。这样一来，女孩的眼界会更加开阔，心胸也会更加开阔。读书不但可以让女孩拥有广博的知识，而且可以改善女孩的气质，帮助女孩形成良好的心理状态，从而

第13章 爸爸妈妈对你说：女孩，保护好自己才是对生命最大的珍惜

让女孩真正变得强大起来。为了给女孩营造良好的家庭氛围，父母应该放下手机，不要再成为低头族，而是要和女孩一起捧起书本，醉心于阅读。阅读的力量超乎你的想象，只要能够坚持长期阅读，不管是父母还是女孩，都会得到快乐的成长。

爸妈有话说：

不管你是襁褓之中的婴儿，还是蹒跚学步的幼儿，抑或是已经进入青春叛逆期的少女，任何时候，爸爸妈妈都愿意守候在你的身后，给你最强大的支持。我们会永远理解和包容你，也会在你需要的时候随时随地出现在你的身边。

怎样才能避免失眠呢

青春期女孩正处于学习的关键时期，她们不但要在课堂上集中精力听讲，在课后还要花费很多的时间和精力去完成繁重的作业。有的时候，父母因为成人世界的竞争非常激烈，压力很大，也会在无形中把压力和焦虑的情绪感染给孩子。实际上，对于孩子而言，他们所能承受的压力是有限的，尤其是和成人相比。所以，父母在锻炼女孩承受能力的时候，要有意识地、循序渐进地推进，而不要一股脑地把压力转嫁到孩子身上。

有机构经过调查发现，在如今的青少年群体之中，有很多人因为压力过大，而经常失眠焦虑。尤其是女孩，她们的心思更加细腻，想的问题也比男生更多一些，所以女孩患有失眠的情况更加严重。有过失眠经

历的人都知道。失眠的人是很痛苦的，他们明明非常困，却瞪大眼睛无法入睡，好不容易睡着之后，又会在睡梦中惊醒，感到头痛欲裂。有些女孩在夜晚上床之后明明很想入睡，却忍不住想各种各样的事情，思维异常活跃，导致彻夜难眠。实际上这些情况都是可以避免的，因为这些事情女孩可以选择不去想。与其因为无意义的思考而导致睡眠状况被扰乱，还不如保持良好的睡眠状态，让自己拥有充足的睡眠，从而可以在良好的睡眠之后神清气爽、精神抖擞。

从心理学的角度来说，失眠和紧张、精神压力大有很密切的关系。对于青春期女孩而言，要想保持香甜的睡眠，就一定要更加理性地面对各种问题，也要学会放下。其实，不管你是否失眠很多问题都存在，与其焦虑地思考，还不如暂时放下来，全身心地投入睡眠之中，也许一觉之后，很多问题就已经迎刃而解了。

要想避免失眠，在睡觉之前一定不要胡思乱想。很多父母都不明白女孩为何有那么多的烦心事，实际上，每个人都有自己的烦恼，孩子是独立的生命个体，有自我的意识，也会面临成长过程中的各种烦心事。对于这些烦心事，在睡觉之前，最好将其全都放下，否则，一旦想了其中的一件事，思绪就像一列列车，不断地把很多的事情都串联起来，导致睡眠质量很差，或者根本睡不着。所以说，烦恼是睡眠的最大敌人之一，女孩要想拥有健康的睡眠，一定要避免心事重重，而要放空心灵，让大脑轻松入睡。也许有些女孩的学习压力很大，课业的任务很重，其实这些问题并不是针对女孩出现的，每一个孩子都要经历这样的过程，也需要在这样的历练之中不断地成长，才能强大起来，拥有更美好的人生。既然如此，为何要感到烦恼和焦虑呢？

有些女孩之所以失眠，是因为白天的睡眠时间太长，或者是因为

第 13 章 爸爸妈妈对你说：女孩，保护好自己才是对生命最大的珍惜

其他原因而扰乱了正常的生活和作息习惯。青春期女孩通常处于初中和高中的学习阶段，在这个阶段，学习的压力很大，需要完成的作业也很多，使得孩子没有更多的时间去锻炼身体，睡眠状态欠佳。为了提升睡眠质量，孩子不如有意识地进行运动，达到了一定的运动量，身体就会感到疲惫，睡眠质量自然也会大幅度提高。有些孩子为了成绩暂时领先，总是通宵达旦地熬夜学习，殊不知，学习也讲究"可持续发展"，如果因为接连熬了几个通宵导致在学习上没有"可持续的发展"，就是得不偿失的。

有一些食物是很有助于睡眠的，当发现女孩出现失眠状态的时候，父母要有意识地给女孩提供有助睡眠的食物，也要避免女孩食用那些对精神产生刺激的食物。例如，晚上睡觉之前不要喝咖啡或者浓茶，而应该喝一杯温热的牛奶或者吃一根香蕉。这些食物里的营养物质都有助于身体恢复平静，从而有助于睡眠。需要注意的是，哪怕睡眠的状态很糟糕，也不要随随便便服用药物，因为服用药物会导致女孩产生依赖性。实际上，女孩的失眠有明确的原因，即使不借助于药物的作用，只要有的放矢地采取合适的方法避开失眠的因素，就能收到很好的效果。

爸妈有话说：

每个人在成长的过程中都会遇到很多烦恼，即使是成人，也要面临来自生活、工作和家庭的重重压力。如果因为一点小小的事情就内心崩溃、情绪混乱，那么失眠就会不期而至。记住，压力并不是无法排解的，最好的消除压力的方式就是把压力转化为动力，这样不但可以激励自己进步，还可以让自己从失眠的状态中解脱出来，何乐而不为呢？

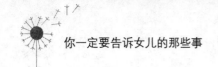

好女孩要远离烟酒

青春期，不仅很多男孩会沾染上抽烟喝酒的恶习，很多女孩也会因为好奇而在不知不觉中沾染烟酒。殊不知，抽烟喝酒对于身体有百害而无一利，尤其是对于本身就缺乏自制力、情绪容易冲动的青春期女孩而言，如果在酒精的麻痹作用下失去自控力，导致不能控制自己的言行举止，则后果会非常严重。

男孩都认为抽烟的男人显得非常成熟、有魅力，女孩也误以为抽烟的女人有一种独特的美。其实，这是因为女孩对于美丽的理解太过肤浅，她们认为所谓的魅力就是表现出来的一种形式，实际上，真正的魅力是由内而外散发出来的，是由一个人的素养、知识以及精神世界综合呈现出来的。青春期女孩来说一定不要把魅力和抽烟喝酒等同起来，而应该从心灵深处丰富自己，这样才能够让自己成为有独特魅力的女性。

青春期女孩正处在身心快速发育的关键时期，在这个阶段，虽然女孩看起来身高和体重都增加了很多，但是她们的生理系统和生殖器官都不太成熟，因此，她们身体的抵抗力很差，一旦受到外界有毒物质的侵扰，身体就会受到很大的影响，甚至遭到严重的损坏。美国的一位科学家经过长期的研究发现，如果一个人从青春期就开始抽烟，那么，他在整整一生之中，比正常的健康人患病死亡的概率会提升至少三倍以上。抽烟会伤害青春期女孩的肺部，导致女孩的肺活量大大降低，肺部感染的可能性增加，而且会伤害女孩正在发育之中的声带。抽烟最大的危害在于，香烟中的尼古丁会影响女孩的智力发育，导致女孩在学习方面表现出明显的滞后性。看到这里，聪明的女孩一定知道抽烟对于身体是有百害而无一利的，所以女孩一定要远离香烟。在日常生活中，与他人交

第 13 章　爸爸妈妈对你说：女孩，保护好自己才是对生命最大的珍惜

往的时候，若发现身边有人抽烟，也要远离这些抽烟的人，从而避免受二手烟的伤害。

如果说抽烟的危害是需要长期积累才会体现出来的，那么喝酒对青春期女孩的危害则更加直截了当。酒精会麻痹人的神经，使人在短暂的时间里陷入昏迷的状态，失去理性。酒精还会伤害女孩的脑部神经，如果女孩在酒精中迷失自我，更是会导致严重的后果。所以青春期女孩一定要远离酒精，这样才能够有效地保护自己。试想，一个醉得昏昏沉沉的女孩，如何能够保证自身的安全呢？

很多女孩都觉得喝酒是一种有个性的表现，且非常豪爽，所以，在很多看似迫不得已的场合里，她们总是随意喝酒。美国公共卫生局医务长官曾经进行过一项专门的调查报告表，在美国十四岁的青少年之中，每五个人里就有一个人曾经有过醉酒的经历。事实上，喝酒会影响青少年的成长，还会导致很多青少年在醉酒的状态下沾染毒品，从此无法摆脱毒品的危害。

当然，青少年之所以会喜欢上喝酒，与家庭环境和周边人的影响有很密切的关系。作为父母，我们应该监管青少年的行为，不要给青少年树立负面的榜样，尤其是要考虑到酒精对人体的严重影响。比如，酒精会降低人的记忆力，影响人的行动能力，也会让人在混乱的状态下做出尴尬难堪的行为。青春期女孩要想维护自己的良好形象，在酒精面前一定要保持自控力，不要因为好奇而尝试喝酒。

爸妈有话说：

很多错误在犯了之后也许可以弥补和挽回，但是也有很多事情一旦发生就没有挽回的机会。本着对自己负责的态度，你一定要时刻保持

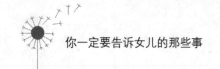

清醒,而不要因为靠近烟酒让自己陷入混乱的状态。记住,身体是自己的,你要对自己负责,所谓爱自己,就是要给自己一个健康的身体。

不要过分看重金钱

要想健康快乐地成长,需要树立正确的金钱观。现代社会,对于金钱的需求越来越大,虽然没有钱是万万不能的,但是金钱从来不是万能的。在这个世界上,有很多感情都比金钱更加珍贵,有很多原则都需要我们超越金钱去维护。所以从本质上来说,金钱只是我们获得更好生活的一种工具,而不能决定我们生活的目的。女孩要端正对金钱的态度,成为金钱的主人,驾驭金钱,而不能成为金钱的奴隶,被金钱驱使。

很多女孩生活在以金钱为重的家庭环境中,她们对于金钱会不顾一切地追求。她们还没有形成成熟的人生观念和价值观念,所以,在父母的影响之下,也把自己的人生目标定义为多挣钱。其实,对于女孩而言,她们应该更多地关注自身的成长,而不要觉得钱就可以解决一切问题。所谓理想,并不是多挣钱,真正的理想,能够指引我们的一生,让我们在生命的过程中实现自身的价值、体验莫大的成就感。

在社会上流传着两种关于金钱的论点,一种认为金钱毫无用处,还有一种认为金钱就是一切,能够解决所有的问题。不得不说,这两种极端的论点都是错误的,金钱从来不是一切,它也许可以解决很多问题,但是不能解决所有的问题。金钱可以买来有价值的商品,却买不来无价的情谊,所以,女孩不要把金钱看得至高无上。那么,金钱是否无用呢?当然不是。现代社会,没有钱寸步难行,因为钱是人们进行物质

第 13 章　爸爸妈妈对你说：女孩，保护好自己才是对生命最大的珍惜

交换最基础的媒介和工具，如果没有钱，我们就无法获取自己想要的商品，无法提升生活的品质。所以，女孩在成长的过程中要树立正确对待金钱的观念，才能够让金钱为女孩的成长服务。

有一天，在说起理想这个话题时，妈妈问叶子长大之后想做什么，叶子漫不经心地回答："长大之后不管做什么事，只要能赚钱就行。"听到叶子的回答，妈妈不由得陷入沉思：难道挣钱就是叶子的理想吗？这一定是因为我对她的教育出现了问题，所以才会让她对理想的理解失之偏颇。妈妈对叶子说："叶子，理想是非常伟大的，能够指引人生前进的方向，而金钱只是我们在努力工作的过程中获得的报酬。虽然金钱是生活中很重要的东西，却不是万能的。"听了妈妈的回答，叶子说："妈妈，现在没有钱就是寸步难行啊！如果没有钱，怎么生存呢？我要想满足自己的很多愿望，就必须要有钱。"看着叶子，妈妈一时语塞。

如果把人生的理想定义为追求金钱，那么不得不说这样的理想观念是不值得提倡的，金钱固然重要，却不能够代替真正的人生理想。父母要引导女孩形成正确的金钱观，就要让女孩知道金钱是生存的工具，而不是生命的全部意义所在。虽然父母要督促女孩学会节约金钱，却不能让女孩唯金钱是论。

金钱在有的人手里可以创造很大的价值，在有的人手里却成为罪恶的渊缘，这是因为前者能够驾驭和主宰金钱，而后者只会被金钱奴役，沉迷在金钱带来的麻痹感觉之中。真正成功的教育，是让女孩知道金钱的重要性，并学会合理消费和理财，不会为了钱而不择手段地去做很多事情。所谓君子爱财取之有道，只有从正确的渠道获取金钱，女孩才能够有效地提升生存的品质。

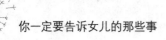**有话说：**

　　金钱从来不是人生终极的目标，只是帮助人们实现终极目标必不可少的一种物质、媒介。有钱当然可以让你生活得更好，但是如果生活中只剩下钱，你就会成为精神上的乞丐。只拥有金钱的人，从来不是富有的人，真正富有的人并不把金钱看在第一位，他们有充实的、高尚的灵魂，所以才能够驾驭金钱，才能够始终牢记初心。记住，虽然没有钱是万万不能的，会导致我们在生存中寸步难行，但是钱从来不是万能的，所以，要适度追求金钱，也要合理消费和享受金钱。

参考文献

［1］宋默.培养最棒女孩的第一本书［M］.北京：九州出版社，2011.

［2］任敏.妈妈最该告诉女儿的50件事［M］.北京：中国纺织出版社，2011.

［3］车永静.妈妈告诉青春期女儿的那些事［M］.北京：中国华侨出版社，2018.